纯天然
精油家居清洁

陈美菁 / 著

中国轻工业出版社

推荐序

在家中使用精油是向家居空间注入新鲜、令人振奋的气味的好方法，这些气味可以提振精神并慢慢改善你的居住环境。随着人们逐渐意识到人工合成、非天然的物质对人体产生的负面影响，纯天然的精油可用于许多清洁产品中，将其中有害、有毒的成分替换为天然、无毒、无害的成分。对您、您的家人或宠物不构成威胁，并且对环境更加友好。

精油不仅具有令人称奇的有益健康的特性，而且还具有许多家庭常用的人工合成化学品的功效，并且效果显著。茶树、松木和尤加利等精油具有很强的防腐和抗菌性能，非常适合用于浴室、厨房和地板表面的自制清洁剂。这些精油的化学成分经证实不仅可以对抗细菌，对家具表面进行消毒和清洁，还可以提供对我们的呼吸系统、眼睛和皮肤无害的天然香气。我们的身体将吸收精油的活性成分，而我们的肺将享受天然的香气。

许多商业清洁产品试图通过人工合成香料来模仿精油提供的天然香气。许多浴室清洁剂都有松木的香气，但效果却很糟糕。人工合成的气味会让人远离原始的自然香气。但是，通过将天然精油引入家庭日常生活，既可以保护家人的健康，孩子们也将从小受益。

对于那些喜欢动物、爱养宠物的人来说，宠物的健康和幸福与我们同等重要，因为它们和我们一起居住在相同的生活空间里。而且，动物，例如狗和猫，具有更灵敏的嗅觉和味觉，在家中使用过多的化学清洁剂会对动物的身心健康产生负面影响。为宠物提供能够与主人共处的安全空间对他们的健康和幸福至关重要。

但是，当您在家中使用精油时，首先一定要了解精油，以便可以正确、安全地制作DIY家居清洁产品。在家中进行香熏首先要全方位了解这些功效强大的精油。了解每种精油对应的作用效果，根据实际需选择合适的精油。同时，还要考虑香气，将精油搭配使用。精油的复配也是一门艺术，这需要你拥有强大的背景知识，和一颗善于发现美的心。

作为芳疗师，我很荣幸为《纯天然精油家居清洁 DIY》作序，这本书介绍了具有清洁效果的精油及其使用方法，以及如何用其调配家居清洁产品以供家庭使用。这本书可以帮助您了解每种精油的益处，将不同的精油混合在一起，与不同的基础成分和乳化剂一起使用的技巧，并配以精美的插图指导读者完成整个调配过程。当你使用自己亲手调配的精油产品一段时间之后，相信你会发现精油的美妙！

国际专业芳疗师联盟（IFPA）国际事务主席

2020 年 7 月

序

　　陈美菁老师是我刚刚学习芳疗时的启蒙老师之一，很荣幸这次有机会能够为美菁老师的新书写序。美菁老师对于气味有着深刻的理解和解读，对于当时刚刚踏入芳疗殿堂的我来说，她对精油的解说令我着迷。也让我追随美菁老师，不用走弯路，可以直接抵达香气芬芳的核心。非常感谢美菁老师！美菁老师的文字也有一种吸引力，让人读了之后会上瘾。

　　在我们 10/10 HOPE 芳疗学院举办芳疗课程以来，如何教会大家将精油运用于生活中，让精油成为学员的小帮手一直是我在思考的问题。学员学习完精油的理论知识之后，需要去实践，将精油融入自己的生活方式。当我看到这本书时，惊叹于美菁老师又一次将精油简单又巧妙地加入到生活中，让芳疗师以及正在学习精油的芳香爱好者可以轻松而方便地把精油用于家居清洁。从碗、盘到难洗的抽油烟机，再到冰箱除味、衣物去味等，都为我们周到地考虑到了。大家可以通过美菁老师的配方，快速地制作一瓶香气怡人又好用的清洁产品。

　　书中除了实用的配方以外，还有关于精油以及芳香疗法的介绍，相信就算是精油"小白"也能够在阅读完之后开始轻松地使用精油。美菁老师还细心地为大家做了配方升级，让大家可以随每日的心情，变换配方的香气，不同的香气对于心理也有不同的作用哦！

　　非常期待美菁老师的新书能够尽快和广大读者见面。

10/10 HOPE 芳疗学院主理人

英国 IFPA & 美国 NAHA 国际认证芳疗师

袁十婓 Jessica Yuan

2020 年 7 月

作者序

在香气中找到美好生活

　　接触香气的世界已经快二十年，这段日子里，香气变成生活中不可或缺的一部分。空间需要香香的、护肤品需要香香的、家居清洁用品也要香香的。这样美好的香气，让我感受到生活的美好与热情，甚至多了一点浪漫与感动！一直以来，我不单单只是推广香氛，也推广艺术、品茶、品咖啡，因为我觉得"生活即艺术、艺术即生活"，即使是做家务用的清洁用品，也要充满香气！

　　随着生活品质提高，人们追求清洁用品的品质也跟着提升，开始回归使用成分天然的清洁用品。当然，所谓的天然并不是完全只用精油调配，而是减少不必要的化学成分，不但对环境友善，也呵护我们及家人的健康。这本书的出版，便是希望通过最简单的原料，做出所有我们生活中衣食住行需要的清洁用品。

　　当然，除了清洁效果外，也不能忘了香味。使用精油制作清洁用品的好处，便是完成后的成品会散发自然的香气。化学香精对身体的伤害已经被科学证实，纯天然精油不但香气怡人，而且是天然的杀菌剂。运用纯天然精油自制居家清洁用品，不但天然、芳香，还具有杀菌的效果，非常经济实惠！

这本书是《纯天然精油护肤品》的姐妹篇，许多读者用惯自己调的纯精油护肤品后，下一步都会跑来问我，精油可不可以做居家清洁用品？因为想把家里的日用品全部改用纯精油调配。我非常欣慰，会有这样的需求，就表示大家已经默默改变习惯，开始懂得选择对自己好的东西！而我所说的艺术，其实就是懂得品位，然后做出对自己更好的选择！

这本书得以出版，要感谢的太多，特别感谢亚美欧生化有限公司研发团队给予我很多专业咨询，也感谢许多业界的老师们为我提供专业知识，也有许多学生告诉我他们的需求，更有许多好朋友，给予我数不尽的鼓励，还有我的家人，总是给予我无限的支持！同时也感谢浩瀚的宇宙，将如此美好的香氛分子创造出来给世人享受，一切恩典都在我们美妙的生活中呈现出温暖样貌！感谢您翻开这本书，邀请您，一起来享受芳香生活的美好！

Chapter 3

【衣‖更衣间、衣橱用品】
除尘螨、抗过敏，让衣物洁净芳香一整天！

Chapter 4

【住‖客厅、卧室用品】

保洁力强、去除异味，打造焕然一新的起居空间！

Chapter 1

入门篇‖让精油走进生活

温和不刺激，
在清洁中进行「居家芳疗」！

流传数千年，精油的神奇妙用

从古埃及到现代持续发烧的"精油奇效"

　　简单来说，精油就是萃取自植物的根、茎、叶、种子或花朵的高浓度油性液体，颜色大多呈现透明至淡黄色，气味浓郁，具挥发性，且具有舒缓、调理等功效，如大家熟悉的薰衣草能够舒眠、薄荷能够提神等，有的可以抗菌、安抚情绪，有的能够能提振精神、消除焦虑，并舒缓身体上的病症、放松心情，各有不同的妙用。甚至早在公元前三千年的古埃及时代，人们就已经懂得利用乳香、雪松等精油中强力的防腐成分制作木乃伊。

而在公元前五世纪的古希腊，有"医学之父"之称的希波克拉底（Hippocrates），更是提出"每日进行芳香药油浴及按摩，可以找回健康"的看法，将传承自古埃及的植物知识，以科学方式解析出三百多种药草的功效、整理并记载成《药草集》一书。公元一世纪左右，根据《圣经》的记载，在耶稣基督的年代，人们将乳香拿来奉献神庙、制造化妆品以及用于治疗痛风、头痛。到了公元十一世纪，由于十字军东征，有关芳香植物精油及香水的知识也随之传到远东及阿拉伯地区。

十一世纪，第一滴以"蒸馏法"取得的精油诞生

公元十一世纪，阿拉伯医生阿维森纳（Avicenne）研发出以"蒸馏法"来提取植物精油的技术，不但让植物精华更容易为人所取得，也让精油脱离传统草药医学，广泛应用于日常生活之中，包括嗅吸、按摩及沐浴等，在当时大为流行，尤其是以高纯度酒精来溶解精油的香水生产方式，也一路发展，在十七世纪大行其道。而二十世纪二十年代，法国香水专家雷内·盖特佛塞（Rene Gattfosse）则是将"采取'植物精油'来美化身体、改善疾病、安抚心灵的疗愈应用"定名为"芳香疗法"（Aromatherapy）的第一人，"Aroma"指具有香气的植物精油，而"Therapy"则是对于疾病改善的辅助方法。自此之后，芳疗更被大量应用于现代美容、水疗（SPA），以及临床辅助治疗等。

从美容到清洁打扫，无微不至的"居家芳疗"

近年来，随着自然意识的增强，精油的用途也越发广泛。其中，利用精油的清洁、抗菌特性制成清洁用品，更是国外长久以来备受推崇的芳香疗法。经过萃取的植物精油富含多种有机化合物，包括酚类、醛类、单萜烯等，都是具有强效防护作用、清洁效果显著的成分，再加上精油不同的化合物组成方式，可以针对各种空间、用途达到不同的功效，例如茶树精油中的松油醇便是强效的抗菌剂，用来对付瓷砖、马桶上的细菌特别有效，还能让空间散发清新香气，达到提神醒脑、提振情绪的作用。无论抗菌、防霉，还是除臭，都能用天然精油的力量一次搞定。

打扫同时做"芳疗"！
用精油制作清洁日用品的
5 大好处

我从小肤质非常脆弱、敏感，稍微触碰到刺激性的化学物质，马上又红又痒，后来在芳香疗法的帮助下才逐渐改善。刚开始我的精油都是做成护肤品，一直到前几年，有一次大扫除时双手莫名刺痛，我才惊觉，原来我们每天打扫家里用的化学清洁剂，其实也是伤害肌肤的一大问题！于是，我开始用精油自制温和的清洁剂。我希望能够通过这本书，让更多人认识精油的美好，不再停留在以往"芳疗就是去护肤中心做 SPA"的刻板观念，掌握简单的方法，让精油充分应用在日常生活中，享受芳疗带来的美妙人生！

 ### 成分温和
——萃取自植物的天然洁净成分，
不残留、不伤手

市售清洁剂的化学物质挥发后，很容易残留在家里的空气中，再经过人体长时间的吸收，伤害呼吸系统、神经系统等，造成身体功能的慢性损害。选择酚类、醛类、单萜烯等清洁成分含量较高的精油去污，搭配低刺激性的小苏打、橘皮油、椰子油、吐温 20 乳化剂、酒精加强清洗、消毒效果，可以大幅减少使用添加有害化学品的产品。精油本身的护肤功效，也有助于减少对肌肤的伤害。

好处 2

效果显著
——具强效防腐成分，可去除霉菌、抑制细菌生长

萃取自植物的天然精油，本身含有植物特有的功效。所以我们在制作清洁用品时，除了选择含高浓度洁净成分的精油外，也可以针对功效需求挑选。例如想要加强杀菌的效果时，曾被英国医学杂志评为"最强杀菌剂"的茶树精油，便是很好的选择，可以广泛性地对抗细菌、病毒、霉菌。而在泰式料理中时常出现的柠檬香茅，蒸馏成精油后不仅消毒杀菌效果好，独特的香气也能驱逐蚊虫、蟑螂，尤其适合用在餐厅、厨房等常出现食物的场所。

好处 3

香氛芳疗
——通过香气为空间消毒，同时改善情绪和环境氛围

我们在使用精油日用品进行拖地、擦桌子等家务时，不单单只有清洁效果，过程中因为会吸进精油的香气，也能够借此达到舒压、放松等芳香疗法的功效。而香气在清洁过后持续飘荡在空间中，飘散出淡淡清香，等同于让整个居家空间变成大型的芳疗环境，除了通过杀菌精油有效去除空气中的病毒、细菌外，也能够达到调节身心的作用，让你待在家里就像在做 SPA 般舒适。

好处 4 自然无毒
——不含有害添加剂和香精，降低过敏源，打造安心环境

市售清洁剂为了去除污渍，经常添加刺激性较强的化学物质，例如盐酸、荧光剂、含氯漂白剂、甲醛、磷酸盐、香精等。这些成分虽然没有立即性的危害，但却会残留在擦拭后的碗盘、桌面上，并经挥发进入空气中，通过接触或呼吸进入人体，久而久之，便容易侵蚀皮肤、呼吸系统、神经系统，甚至提升患癌率，对健康造成负面影响。而在本书中提到的精油和材料，都是以"温和、低刺激"为主，让大家不需要为了清洁而牺牲健康，即便家中有小朋友也能安心使用。

好处 5 放松舒压
——选择喜爱的香味，在做家务的同时也能解除压力

现代人普遍非常忙碌，也承受着家庭、职场、人际关系等方面的压力。当为生活忙得团团转还要做家务时，心情就会特别烦躁！这时候，只要使用天然精油制作的清洁用品，就可以在做家务的时候，一边感受精油带来的自然香气，选择喜欢的气味让居家空间散发宜人香气，还能够通过芳疗，舒解内心紧绷的压力。

Column 1
直接使用精油的熏香方式

　　精油的用途很广泛，除了拿来 DIY 各式各样的护肤品、清洁剂外，最普遍的应用方式，就是直接当香氛使用，让家里或是办公室、车上、厕所等地方充满香气。使用天然精油扩香，不但清新空间气味，同时具有空间消毒、除臭、预防感冒交叉感染、活化大脑等功效！适合用于居家空间的扩香方式很多，以下是最常用的空间扩香方式。

扩香机
目前扩香机器大概分为三种类型：
(1) **香熏机：** 一般家里最常使用的扩香方式，在香熏机里加入水和精油后，喷出浓雾。好处是有加湿效果，很适合环境干燥或是感冒的时候用，而且很省精油，缺点是用在潮湿的空间时容易有落尘。
(2) **扩香仪：** 直接用精油且不加水，可以原汁原味地扩散精油是它最大的优点，但缺点是很耗精油。
(3) **香水香熏机：** 现在很多商场或饭店用的，比较适合大型空间的扩香方式。可以直接把香水扩散到空气中，目前市面大多用的是化学香水，但我们也可以把酒精加入精油调出精油香水后，用这种机器喷洒。

扩香小物
(1) **扩香石：** 目前市面上有各式各样的扩香石，只需要滴上纯精油，即可直接使用！方便又简单，不过纯精油挥发速度快，需要经常补充！（参考 P82）
(2) **扩香藤竹：** 现在常常可以看到在一个窄口玻璃瓶中插几根细藤竹的扩香瓶。这种方式方便又具有视觉效果，常被用来装饰室内空间。（参考 P121）
(3) **素拉花及棉球、石材等：** 现在有许多人已经将扩香物品提升为艺术品，使用可以吸附香气的材质作为创作素材，使扩香成为更具生活美学的感官享受！（参考 P130）

▲ 花艺达人庄慧敏的作品，利用索拉花达到熏香和美化空间的效果。

居家严选！
最适合用于"清洁抗菌"与
"空间消毒"的 13 款清洁精油

　　许多精油经过科学证实，都具有优越的清洁杀菌功效，但考虑到运用在居家空间中的精油不会直接和肌肤接触，且使用量较大，所以通常会选择比较平价的种类，并根据不同精油的特性达到除霉、抗菌、除臭等功能。接下来介绍的 13 款精油，都属于清洁力高、容易入手的精油，很适合做成清洁用品。

精油及植物的特色
介绍植物的外观、用途等，
及精油的颜色、主要功效。

香味系统
依精油的气味分为：
🌿草香系　🍊果香系　🌸花香系
🌲木香系　🌶东方香料系

精油 DATA
列出提取精油
的植物科名、
学名、主要产
地、提取部位
与方法。

本书应用实例
本书中应用此
精油的实例。

茶树精油
　　　　　　　　　　　　　　　Tea Tree

精油 DATA
科　名 / 桃金娘科
植物学名 / Melaleuca alternifolia
主要产地 / 澳大利亚、新西兰

提炼部位 / 叶
提炼方法 / 蒸馏法

本书应用实例
茶树厨房灭菌喷雾 P57
茶树贴身衣物除菌手洗衣液 P78
茶树衣物抗菌洗衣液囊 P80
草本香防霉喷雾 P111
茶树马桶坐垫清洁液 P114
茶树抗菌免洗洗手液 P142

适合搭配的精油
薰衣草、迷迭香、丝柏

愈合伤口的杀菌精油
　　茶树最早发现于澳大利亚，它是一种很小的常青树，叶片细长如松树一般，并带有清新的香味，可以抑制大肠杆菌、金黄色葡萄球菌、白色念珠菌等。
　　据说澳大利亚土著人受伤时，将茶树叶捣碎敷在伤口上，可以帮助伤口消毒，加速康复，被毒蛇咬伤时，也可用茶树作为解毒良方；甚至在第二次世界大战时，军人们还用它来消毒伤口。
　　茶树精油呈浅黄色或无色，有很强的消毒杀菌功效，尤其是对抗霉菌、广泛应用于洗洁精、洗衣液等清洁用品。

功效
居家	抗菌、抗霉菌、清洁消炎
身体	恢复精神、镇静思绪、调理神经、刺激免疫系统

⚠ 怀孕妇女避免在怀孕的前 3 个月期间使用。

香气特征

浓
呛 ★ 甜
淡

气味调性
☑ 前　□ 中　□ 后

价格（10 毫升）
☑ 240 元人民币以下
□ 240 元人民币以上

香气特征
依精油气味呛、
甜、浓、淡的程
度，标示出相对
位置。

气味调性
如同香水一样，
依精油所属气
味，分成前调、
中调或后调。

价格
以 10 毫升瓶装
为例，列出精油
的价格范围。

注意事项
购买或使用精油
时需要特别留意
的事情。

功效
列出精油对居家清洁
及身体的主要功效。

茶树精油

 Tea Tree

精油 DATA

科　　名／桃金娘科
植物学名／*Melaleuca alternifolia*
主要产地／澳大利亚、新西兰

提炼部位／叶
提炼方法／蒸馏法

本书应用实例

茶树厨房灭菌喷雾 P57
茶树贴身衣物手洗洗衣液 P78
茶树衣物除渍喷雾 P80
草木香防霉喷雾 P111
茶树马桶坐垫清洁液 P114
茶树抗菌免洗洗手液 P142

适合搭配的精油

薰衣草、迷迭香、丝柏

愈合伤口的杀菌精油

茶树最早发现于澳大利亚，它是一种很小的常青树，叶片细长如松树一般，并带有清新的香味，可以抑制大肠杆菌、金黄色葡萄球菌、白色念珠菌等。

据说澳大利亚土著人受伤时，将茶树叶捣碎敷在伤口上，可以帮助伤口消毒，加速康复，被毒蛇咬伤时，也可用茶树作为解毒良方；甚至在第二次世界大战时，军人们还用它来消毒伤口。

茶树精油呈浅黄色或无色，有很强的消毒杀菌功效，尤其是对抗霉菌，广泛应用于洗洁精、洗衣液等清洁用品。

功效	居家	抗菌、抗霉菌、清洁消炎
	身体	恢复精神、镇静思绪、调理神经、刺激免疫系统

❗ 怀孕妇女避免在怀孕的前 3 个月期间使用。

香气特征

浓
★
呛　　　　甜
淡

气味调性

☑前 □中 □后

价格（10 毫升）

☑ 240 元人民币以下
□ 240 元人民币以上

柠檬精油

 Lemon

精油 DATA

科　　名／芸香科
植物学名／*Citrus Limonum*
主要产地／意大利、西班牙

提炼部位／果皮
提炼方法／压榨法

❗ 柠檬精油可能会引起光敏感，使用后肌肤应避免受到紫外线照射。

本书应用实例

柠檬抹布消毒液 P42
柠檬冰箱除臭剂 P49
柠檬抽油烟机去污剂 P50
柠檬水垢清洁剂 P117
柠檬百里香车用扩香瓶 P124
柠檬车窗防雾清洁剂 P136

适合搭配的精油

佛手柑、丝柏、乳香、姜

清甜微酸的抗菌精油

柠檬是常绿灌木，春季开着白色带紫色小的花，花瓣呈放射状，果实外形呈椭圆形而两头尖。

提炼出的柠檬精油为淡黄色并带有一点绿色，有着柠檬果实的清新、鲜甜而微酸的气息。最重要的功能是可以刺激人体产生抵抗力，并抑制变异链球菌、白色念珠菌及牙菌斑，在辅助治疗感染或外伤伤口时，是不可或缺的精油种类，除了美白、收敛外，在清洁方面也具有显著的功效，广泛被运用在各式清洁用品中。

功效	居家	抗感染、抗菌、抗病毒、消毒、清洁霉菌芽孢
	身体	抗搔痒、抗焦虑、提高注意力、改善失眠、舒解压力和紧绷

香气特征

浓
呛　　　　甜
★
淡

气味调性

☑前 □中 □后

价格（10 毫升）

☑ 240 元人民币以下
□ 240 元人民币以上

丁香花苞精油

Clove Bud

精油 DATA

科　名 / 桃金娘科
植物学名 / *Eugenia aromaticum*
主要产地 / 马达加斯加、印度尼西亚、印度、菲律宾

提炼部位 / 花苞、花蕾
提炼方法 / 蒸汽蒸馏法

❗ 怀孕期间应避免使用，但在生产过程中可以使用。用于受伤或患病的皮肤须小心。

本书应用实例

丁香花苞排水管清洁剂 P64
丁香花苞浴厕清洁剂 P100

适合搭配的精油

佛手柑、葡萄柚、尤加利、薰衣草、肉桂、柠檬香茅

强效洁净的杀菌精油

丁香是一种小型的长青植物，有着三角锥形的树干，鲜绿色的叶子很大，呈椭圆形，丁香的花一丛丛地生长在灰色树枝的顶端。

其精油本身带有水果般的甜辛香气，颜色呈现淡黄色至深黄色。自古以来丁香就经常被用来当作牙科中的麻醉剂，其中的丁香酚具有非常强的杀菌消毒效果，还有抑制绿脓杆菌、白色念珠菌的功效。但也因为清洁效果强，若浓度较高可能刺激皮肤与黏膜组织，除使用时需要先稀释外，也尽可能不要触碰到伤口。

功效		
	居家	抗感染、止痛、清洁
	身体	抗焦虑、提高注意力、改善失眠、舒解压力和紧绷的神经

香气特征

气味调性

☐ 前　☑ 中　☐ 后

价格（10 毫升）

☐ 240 元人民币以下
☑ 240 元人民币以上

沉香醇百里香精油
Thyme CT Linalool

精油 DATA

科　名 / 唇形科
植物学名 / *Thymus vulgaris*
主要产地 / 西班牙、地中海一带、亚洲等

提炼部位 / 叶与花
提炼方法 / 蒸汽蒸馏法、水蒸馏法

本书应用实例

沉香醇百里香厨房去污清洁剂 P44
沉香醇百里香鞋柜除臭粉 P90
沉香醇百里香浴室除霉剂 P108
柠檬百里香车用扩香瓶 P124
车用扩香大理石 P132

适合搭配的精油

鼠尾草、薰衣草、檀香、乳香、柠檬、莱姆、葡萄柚

抗霉菌的清香精油

百里香经常运用在烹饪中，绿色的叶子呈扇形，还有白色小花。

希腊文中的 thymo 是"变香"的意思，是地中海一带最早被使用的一种药用植物，曾经被用来治疗瘟疫。古埃及人会用于制作木乃伊，而古希腊人则善用其净化的特性来预防感染疾病，也具有提振精神与强心的作用。

初步蒸馏出来的百里香精油，带有温暖辛香的香草味，呈现红色、褐色或橘色，但持续蒸馏后，便会淡化成透明至淡黄色，并带有甜甜的青草香气。

功效		
	居家	抗菌、抗病毒、抗霉菌
	身体	减轻紧张与压力、帮助思考、改善失眠

❗ 两岁以下幼儿、孕妇避免使用，高血压病人应小心使用。

香气特征

气味调性

☑ 前　☐ 中　☐ 后

价格（10 毫升）

☑ 240 元人民币以下
☐ 240 元人民币以上

纯正薰衣草精油

 True Lavender

精油 DATA

科　　名 / 唇形科
植物学名 / *Lavandula angustifolia*
主要产地 / 法国、英国

提炼部位 / 花顶
提炼方法 / 蒸馏法

本书应用实例

薰衣草瓷砖清洁剂 P52
薰衣草熨衣喷雾 P74
薰衣草低敏洗衣液 P77
薰衣草衣物除渍喷剂 P81
花草香除湿香氛袋 P82
迷迭香衣物香氛喷雾 P84
雪松衣柜防虫剂 P87
薰衣草地毯清洁剂 P96
薰衣草除臭喷雾 P120
旅行防晕车喷雾 P138

适合搭配的精油

佛手柑、甜橙、迷迭香

用途广泛的万用精油

　　薰衣草窄长的叶子呈灰绿色，花朵呈蓝紫色，上面覆盖星形细毛，因其有强大的杀菌效果，古罗马人使用它来泡澡和清洁伤口，所以，薰衣草的拉丁字根"Lavare"的意思就是"洗"，也有人将薰衣草用于防虫蛀及保持衣物或室内清香。

　　薰衣草精油并不如它的花朵般呈现蓝紫色，而是接近透明无色，因其有优越的杀菌、止痛与镇定安抚作用，而且较温和，各种身体条件或肌肤皆可使用，所以在各种形式的芳疗中都能看到它的身影，是使用广泛的"万用精油"。

功效	居家	防腐剂、抗菌剂、抗病毒、抗传染病
	身体	舒解压力、失眠、紧张，降低无力感

香气特征

浓

呛 ←→ 甜

淡

气味调性

☑ 前　□ 中　□ 后

价格（10 毫升）

☑ 240 元人民币以下
□ 240 元人民币以上

迷迭香精油

 Rosemary

精油 DATA

科　　名 / 唇形科
植物学名 / *Rosmarinus officinalis*
主要产地 / 西班牙、法国

提炼部位 / 叶
提炼方法 / 蒸馏法

本书应用实例

迷迭香餐桌去油洁净喷雾 P68
迷迭香衣物香氛喷雾 P84
迷迭香防螨喷雾 P107
提振活力出风口芳香夹 P126
森林气息香氛包 P128
索拉花芳香剂 P130

适合搭配的精油

柠檬、薰衣草、柠檬、茶树

强力杀菌的香料精油

　　迷迭香的叶子为对生针状，叶背长有短毛，花朵则因品种而不同，有紫色、蓝色、粉红或白色。最初产于地中海沿岸，所以它的学名是由拉丁文"ros"和"marinus"结合而成，意思是"大海的朝露"。精油呈淡黄色或无色。

　　迷迭香是最早用于医药的植物之一，抗微生物并抑制藏在生鲜食品中的李斯特菌；而它也因为有强大的杀菌力，在古代没有冰箱时，能用于延缓肉类腐烂，演变至今，在传统的地中海料理中，常会用新鲜或干燥的迷迭香叶子做成香料。

功效	居家	杀菌、杀霉菌
	身体	活化大脑增强记忆、启发创造力、舒缓恐慌与恐惧情绪

 癫痫及脑部曾有创伤者、孕妇避免使用，高血压患者小心使用。

香气特征

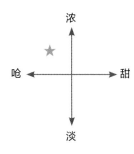

浓

呛 ←→ 甜

淡

气味调性

☑ 前　□ 中　□ 后

价格（10 毫升）

☑ 240 元人民币以下
□ 240 元人民币以上

甜橙精油

Sweet Orange

精油 DATA

科　　名 / 芸香科
植物学名 / *Citrus sinensis*
主要产地 / 以色列、意大利、美国

提炼部位 / 果皮
提炼方法 / 压榨法

❗ 甜橙精油可能会引起光敏感，使用后肌肤应避免受到紫外线照射。

本书应用实例

甜橙去油洗洁精 P47
甜橙奶瓶洗洁精 P60
甜橙蔬果清洁剂 P66
甜橙地毯清香清洁剂 P97

适合搭配的精油

薰衣草、玫瑰天竺葵、茶树

抗忧镇定的洁净精油

　　甜橙种类多达四百种，是柑橘类中品种最多的水果，叶片呈有锯齿状的椭圆或卵圆形，开白色小花，结橘黄色圆形果实，滋味甜中带酸。

　　甜橙精油浓浓的橘子香气，是许多人都喜欢的幸福气味，可以让人感到愉快，并且有充满阳光的温暖感觉，呈现深金黄色，是能缓解抑郁、温和镇定的精油，并且具有抑制金黄色葡萄球菌、大肠杆菌和白色念珠菌的清洁作用。

　　甜橙精油是榨取果皮，而橙花精油则是萃取花瓣，但因为是同种植物，所以两者具有类似的性质，皆有缓解抑郁、温和镇定的效果，但甜橙精油的气味更为温暖，仿佛保留了果实成熟所吸收的大量阳光。

功效	居家	抑制霉菌、清洁杀菌
	身体	缓和情绪、帮助睡眠、提振精神

香气特征

浓
哈 ←→ 甜
★
淡

气味调性

☑ 前　□ 中　□ 后

价格（10 毫升）

☑ 240 元人民币以下
□ 240 元人民币以上

葡萄柚精油

Grapefruit

精油 DATA

科　　名 / 芸香科
植物学名 / *Citrus paradisi*
主要产地 / 美国、以色列

提炼部位 / 果皮
提炼方法 / 压榨法

❗ 日晒前尽量不要使用，以免引起光敏性。

本书应用实例

葡萄柚洗碗机专用洗碗粉 P62
葡萄柚玻璃清洁喷雾 P102
葡萄柚灭菌旅行喷雾 P140

适合搭配的精油

佛手柑、乳香、橙

香甜清新的消毒精油

　　叶子狭长，呈深绿色，花为四瓣白色，果实外皮为橙黄色，呈圆球形，常数十个簇生成穗，形似葡萄，而味道酸中带甜的果肉，形状如同柚子果肉的水滴状，故名为"葡萄柚"，依果肉颜色，有白色、粉红、红色及深红等不同品种。

　　葡萄柚精油呈淡黄色，气味有着和新鲜葡萄柚非常接近的香甜感，可以使人重新冷静下来，被认为是能缓解抑郁的精油之一。此外，葡萄柚精油的杀菌力也很强，可以抑制大肠杆菌、金黄色葡萄球菌、李斯特菌和肠炎沙门氏菌。

功效	居家	清洁、消毒杀菌
	身体	提升自信感、消除焦虑和紧张、有助于自我沟通

香气特征

浓
哈 ←→ 甜
★
淡

气味调性

☑ 前　□ 中　□ 后

价格（10 毫升）

☑ 240 元人民币以下
□ 240 元人民币以上

大西洋雪松精油

 Atlas Cedarwood

精油 DATA

科　　名 / 松柏科
植物学名 / *Cedrus atlantica*
主要产地 / 摩洛哥、阿尔及利亚

提炼部位 / 木头、木屑
提炼方法 / 蒸汽蒸馏法

❗ 孕期不要使用，幼儿要低剂量，婴儿不要用。

本书应用实例

雪松炉具清洁剂 P54
雪松衣柜防虫剂 P87
雪松鞋柜除臭粉 P91
提振活力出风口芳香夹 P126
森林气息香氛包 P128
索拉花芳香剂 P130

适合搭配的精油

薰衣草、橙花、天竺葵、依兰

香气沉稳的防腐精油

雪松是高大的常绿植物，可以长到 40 米高，树冠像金字塔般呈长尖锥状。浓烈的香气可以驱逐白蚁、蚂蚁、蛾等虫类，在古代便已经广泛使用在建筑、医药等方面，甚至在古埃及时期的木乃伊中，也检验出雪松精油的成分，以强效的防腐作用闻名。

木质的香气沉稳低调，很适合不喜欢酸甜花果香的人。调理神经、皮肤系统的表现优异，常用于各种药物、化妆品的配方，也是民间治疗支气管和泌尿系统传染病的良药。

功效
居家 防腐、驱虫、杀菌
身体 缓解抑郁、提升注意力、舒压、抗皮脂分泌、调理肌肤、改善皮肤炎症

香气特征

浓
呛　　甜
淡

气味调性

☑ 前　□ 中　□ 后

价格（10 毫升）

☑ 240 元人民币以下
□ 240 元人民币以上

澳洲尤加利精油

 Eucalyptus radiata

精油 DATA

科　　名 / 桃金娘科
植物学名 / *Eucalyptus radiate*
主要产地 / 澳大利亚、西班牙

提炼部位 / 叶子
提炼方法 / 蒸汽蒸馏法

本书应用实例

澳洲尤加利锅具除锈膏 P58
柠檬香茅防蟑喷雾 P71
雪松衣柜防虫剂 P87
澳洲尤加利洗衣槽清洁剂 P92
澳洲尤加利地板清洁液 P99
澳洲尤加利万用清洁喷雾 P105
草木香防霉喷雾 P111
森林气息香氛包 P128
索拉花芳香剂 P130
澳洲尤加利洗车剂 P134

适合搭配的精油

罗马洋甘菊、茶树、橙

防蚊抗菌的净化精油

树袋熊最喜欢的澳洲尤加利，高度 10～15 米，具有净化空气的作用，据说莱特兄弟发明的第一架飞机，就是用尤加利树制作而成。在古澳大利亚的原住民，也会将尤加利树的树皮制作成艺术品，也可以当成纸浆，用途非常多元。

尤加利精油萃取自树叶，颜色透明无色，带有温暖和清新的香气，清凉略带药物气息的气味有别于其他精油，能够帮助人平静心情，并跳脱原本的思维，用开放的态度去感受更多事物。尤加利精油的作用多元，其中最著名的是防蚊功效，常被添加在许多防蚊液中。

功效
居家 杀菌、清洁、抗病毒、驱虫、驱除尘螨、净化空气
身体 提神醒脑、提升注意力、平静心情

香气特征

浓
呛　　甜
淡

气味调性

☑ 前　□ 中　□ 后

价格（10 毫升）

☑ 240 元人民币以下
□ 240 元人民币以上

❗ 怀孕期间、癫痫、高血压和蚕豆症患者避免使用。

柠檬香茅精油

 Lemongrass

精油 DATA

科　　名 / 禾本科
植物学名 / *Cymbopogon citrates*
主要产地 / 尼泊尔、泰国、玻利维亚、危地马拉、斯里兰卡、印度

提炼部位 / 草叶
提炼方法 / 蒸汽蒸馏法

❗ 需稀释使用，以免刺激皮肤造成不适或敏感反应。

本书应用实例

柠檬香茅防蟑喷雾 P71
森林气息香氛包 P128

适合搭配的精油

豆蔻、薰衣草、天竺葵、迷迭香、百里香

清香除臭的驱虫精油

柠檬香茅又称柠檬草，细长带状的叶子呈亮黄绿色，揉碎时会散发出清新的柑橘香气，是厨房里常见的香料，被大量运用在茶饮、汤品、酱料等日常饮食中，尤其在越南、泰国一带，更是不可取代的调味料。

通过蒸馏萃取出的精油，也是备受调香师喜爱的香气来源，温暖、清澈，又带有些许柑橘气味的青草香，有助于开启心灵之窗，提振精神并赶走莫名恐惧背后的低落情绪。独特的香气也具有强力的驱虫功效，稀释后直接喷洒在衣物上，就是天然的防蚊液，也很适合用在厨房，可以避免恼人的蟑螂靠近。

功效	居家	消毒杀菌、清洁、驱虫、除臭
	身体	提振精神、赶走疲惫及自我否定感

香气特征

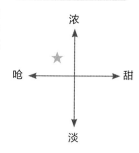

气味调性

☑ 前　☐ 中　☐ 后

价格（10 毫升）

☑ 240 元人民币以下
☐ 240 元人民币以上

薄荷精油

 Peppermint

精油 DATA

科　　名 / 唇形科
植物学名 / *Mentha piperita*
主要产地 / 匈牙利、保加利亚

提炼部位 / 叶片
提炼方法 / 蒸汽蒸馏法

❗ 怀孕及哺乳中的妇女不宜使用；具有提神效果，晚上不宜使用。

本书应用实例

薄荷马桶清洁剂 P112
旅行防晕车喷雾 P138

适合搭配的精油

佛手柑、柠檬、尤加利、天竺葵、柠檬香茅

清凉醒脑的杀菌精油

传说薄荷的学名"Mentha"是从希腊神话中的妖精 Mentha 而来。薄荷花为淡紫色，叶子边缘有锯齿，其气味清凉，有强劲的穿透力，古罗马人就知道用薄荷来改善消化不良的症状，也会用薄荷来制酒，还被希伯来人作为制造香水的原料。

薄荷精油最著名的功效就是提神醒脑，也有益于改善呼吸道功能，可辅助治疗气喘、支气管炎、肺炎及肺结核，除了提炼出淡黄色的精油，也广为中医界所应用，并因为其独特的气味，而被广泛运用于各个领域，包括药品、食品、烹饪等。

功效	居家	防腐、杀菌、消炎、抗病毒
	身体	提神醒脑、提振精神、缓和情绪上的痛苦、促进消化

香气特征

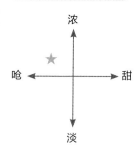

气味调性

☑ 前　☐ 中　☐ 后

价格（10 毫升）

☑ 240 元人民币以下
☐ 240 元人民币以上

玫瑰天竺葵精油  Rose Geranium

精油 DATA

科　　名 / 牻牛儿科
植物学名 / *Pelargonium graveolens*
主要产地 / 南非、法国、意大利、西班牙、埃及、摩洛哥

提炼部位 / 叶子、花（较少）
提炼方法 / 蒸馏法

❗ 孕妇不宜使用所有天竺葵类精油。

本书应用实例

玫瑰天竺葵鞋子杀菌喷雾 P88
玫瑰天竺葵镜面清洁剂 P118
玫瑰天竺葵香氛藤竹 P121

适合搭配的精油

佛手柑、玫瑰、花梨木、檀香、薰衣草

高价玫瑰的替代精油

　　玫瑰天竺葵的叶片为掌状，叶片覆盖着极细的绒毛，花朵为浅粉红或深粉红色，是两百多种天竺葵中，最为人所熟知的品种。

　　玫瑰天竺葵精油为黄绿色，因为具有平衡皮肤油脂的功效，常被添加于化妆品或护肤品中，也能安抚焦躁、抗忧郁，对神经系统有镇静作用。

　　玫瑰天竺葵顾名思义，其精油有着玫瑰般的香气，且含有玫瑰精油中有的牻牛儿醇与香茅醇，也有与玫瑰精油相同的通经活血，强化子宫、卵巢等调节女性激素的功能，但价格与纯质玫瑰精油有着十倍的差距，所以号称"穷人的玫瑰"。

功效	居家	抗菌、防霉
	身体	改善并降低忧郁、安抚疲劳、止痛、祛疤

香气特征

浓

呛 ——★—— 甜

淡

气味调性

☐ 前　☑ 中　☐ 后

价格（10 毫升）

☐ 240 元人民币以下
☑ 240 元人民币以上

选对品质，才能达到确实功效！
芳疗师才知道的精油挑选须知

快速辨识精油品质的"7大关键词"

　　天然精油在身心方面都能够达到经过科学证实的确实功效，但如果不慎使用了非天然的化学合成香精或香料，不仅白花冤枉钱，对健康也是极为不利。

　　如何判断精油好坏？这个问题其实不容易回答，因为即便是同一品牌的同一种精油，品质也有可能随着气候等种种因素而有所改变，因此还是要靠自己多去尝试，以便累积经验。

　　但是除了经验之外，还是有几种简单的方法，可以帮助初学者挑选精油。挑选精油最主要的两点，一是"分辨精油真假"，二是"要求好的品质"。下列7个关键词，可以帮助你快速掌握辨别精油的入门技巧，作为选购精油时的参考。

品牌
——认明"有机标志"、挑选安心商家，
疗效才更有保障！

ECOCERT欧
盟有机认证标章

欧盟EU有机
农产标章

USDA美国有
机农产品标章

如果你还无法单纯靠气味辨别精油好坏，保险起见，建议还是尽量选购有知名度的品牌，尤其是具备"有机种植认证"标志的牌子。虽然不是百分百有保证，而且因为加入营销费用的关系，可能价格稍高，但相对也较有保障。如果是用于清洁用品的精油，由于不会大量接触肌肤，只要向信赖的商家购买纯精油即可，不一定要有机，这样一来价格也比较低。

香气
——购买前先试闻，减少买到假货的概率！

天然精油因为萃取自植物，除非植物本身气味独特，不然气味不致让人感到不舒服，或是太过浓烈。购买精油时先闻闻气味，也是很好的辨别品质的方式。如果闻起来像廉价香水，或是气味让人很不舒服，就很有可能是化学合成物的混合品。合成香精与天然精油相比，不仅原料成本价格相差百倍，而且完全不具有精油的效果，反而容易危害身体。

Point 试闻精油的方法：

如果直接把精油瓶凑到鼻子前，浓烈的香气可能过度刺鼻，造成嗅觉疲劳。试闻的时候，先将精油瓶盖放在鼻下3~5厘米处，轻轻旋转晃动，让精油的香气与空气结合，这样就能闻到精油真正的气味。

Point "卫生纸测试法"，教你简单辨识精油品质！

将精油滴在卫生纸上，若为纯精油，干后大多只会留下精油本身的颜色及香气，除了一些较浓稠的精油，如檀香、安息香、广藿香等，会留有一点点油渍。一般来说，油渍不会很明显，有些甚至看不见；但如果是稀释过的精油，油渍就会很明显，气味也会较淡。

——不是纯精油，留　——纯精油滴在卫生
下的油渍明显。　　　纸上，干了之后油渍
　　　　　　　　　不甚明显。

纯度
——避免选择"可以直接接触肌肤"的精油

一般来说，纯度100%的精油因为浓度高、刺激性强，除了薰衣草等极少数种类的精油外，都必须稀释才可以用于皮肤。也因此在购买时，如果看到产品上标明"可以直接涂抹在皮肤上"，一定是已经掺入某些缓冲物质，并非纯精油。不过，仍有许多商家会在已经稀释的精油甚至是化学合成的香精产品包装上标示"100%纯精油"，一定要特别注意，不要轻易上当！

价格
——精油价格与精油取得难易度成正比

精油在市场上的价格差异很大，即便同一品牌，也会受到精油提取难易度的影响而有差别。一般单方100%天然纯精油，10毫升大约是90~200元人民币，如果实类的甜橙、柠檬、葡萄柚等精油，因为取得容易，价格自然平易近人，也是我在本书中大量使用的种类；但如果是玫瑰、橙花、永久花等难取得的精油，每10毫升要价上千元也是正常的。此外，植物的产地或栽种方式因为关系到精油品质和效果，价格也相差甚远。切记，一分钱一分货，如果看到玫瑰精油一大瓶才50元，就可以合理怀疑是假货。

产地
——依产地挑选精油，多一层把关与安心

每种植物都有正统的代表产地，因为当地的温度、湿度、海拔高度等环境条件，对于植物的栽培与养成，都有很大的影响，所以，若在购买精油之前能对"哪些植物盛产于什么地方"有一些基本概念，那么，在选择的时候，也能做出正确判断。本书介绍的13种清洁精油中，也会列举出大宗的产地、萃取方式等信息，可当作购买时的参考依据。

标示
——购买前认清标示，避免买到成分不明的假货

"购买产品之前，务必仔细阅读产品标示"有关精油产品的包装与相关标示，当然是越清楚越好，包括精油名称（最好是拉丁学名，因为中文名称用法差异甚大，各地称谓可能完全不同）、植物种植地、萃取部位、萃取方式、容量、纯度、是否经过稀释，以及厂商资料等，有的还会标注使用方法和使用量，可以看出该品牌对于产品的负责程度。另外关于包装方式也要特别注意，精油怕热怕光，且容易腐蚀塑料，所以必须装在避光的玻璃罐中（通常是绿色、咖啡色、蓝色等深色）。如果购买时发现精油装在透明罐或塑料罐中，代表厂商对精油的了解不够专业，或是精油品质本身有待商榷，应尽量避免使用。

购买渠道
——选择观念正确的卖家，购买时多一层安心

不管是在美容中心、商场专柜，还是网站拍卖店家选购精油，这里要强调的是"卖家的专业度"很重要，因为通过与对方的咨询互动，就能观察出其所销售的产品有没有问题。举例来说，过去在我还没进入正统的芳疗学习时，也曾傻傻花了不少钱去买"茉莉绿茶精油""麝香精油""草莓精油"等产品，直到后来才知道，基本上"没有油囊的植物"是无法萃取出精油的，也就是说，绿茶没有精油可取，麝香属于动物性的香料，至于草莓、葡萄、芒果等水果也不可能有精油！因此，自己要有一点基本知识，购买时才能跟卖家对谈，进而根据其专业度来协助判断该品牌精油品质。

> **Point 精油的保存须知**
>
> 精油买回来之后，保存的方式与期限也很重要，一般而言，应该放在阴凉处，而且最好在一年内使用完毕，这样精油的效果会比较完整（当然也有例外的，如檀香放久了气味会更好），同时，也要注意有没有沉淀物质产生。

完整公开!
调配居家用品的必备工具 & 材料

工具篇　　本书教给大家的调配方式很简单，使用到的工具也非常少，基本上只需要盛装的容器、烧杯，以及测量、搅拌工具就可以了。

避光容器（压／喷头瓶、广口瓶）

　　精油"怕光、怕热"，所以含精油的产品，都必须装在具有遮光效果的容器中，且放在阴凉处保存。如果配方中的精油浓度较高，建议选择玻璃瓶身，避免精油腐蚀塑料材质。依照成品的性质和使用方式，挑选压头瓶、喷头瓶、广口瓶等容器种类。

POINT 喷头的喷口不要太细，如果遇到较稠的溶液不易喷出，仅适合盛装液态物质。

烧杯、量杯

　　用来测量液体容量，并直接在里面调配溶液的容器。杯上附有计量的刻度，且一侧具有槽口，方便倾倒液体，是 DIY 时常用到的方便工具。烧杯通常为玻璃制，量杯多为塑料，两者皆可使用。书里所列的工具会依照成品容量列出需要的烧杯大小，原则上只要足够盛装即可，可以自由更换，或是用家中容器替代。

搅拌棒

　　多半为细长玻璃棒，用来搅拌、混合液体或浓稠物质。如果家里没有，也可以用一般的搅拌棒代替。

挖棒

　　扁平的棒状物，用来挖取膏状或胶状的物质，大多是塑料制品。

量匙

　　用来挖取并测量粉状或颗粒状物质用量的汤匙状工具，大多分成 4 种尺寸：1 大匙（15 毫升）、1 小匙（5 毫升）、½ 小匙（2.5 毫升）、¼ 小匙（1.2 毫升）。

电子秤

　　调配清洁日用品时需要的材料用量少，所以秤的最低单位至少要到克才行。使用电子秤的准确度比传统秤高，也更方便目测。

其他

　　制作的产品不同，可能会使用到扩香石、扩香藤竹、棉袋等，将另外标注于各自的材料准备中。

民间制作清洁用品的配方很多，有些添加物虽然有效，却也容易对人体造成伤害。根据自制日用品的经验，我在挑选清洁用品的原料时，也都是以"不伤肌肤"为原则，选择低刺激性、温和的成分。

①水

如自来水品质优良，可以直接拿来作为DIY的原料。自来水厂为了抑菌在水中添加的氯气，只要静置1天就可以去除，或购买纯水也可。

②橘皮油

橘皮油萃取自柑橘类的皮瓤，与柑橘类精油很类似，是近年来最被专家学者推崇的家庭用品原料，天然、环保、清洁力好。

③椰子油起泡剂

无毒、安全、生物可分解的表面活性剂，对环境相当友善，且具有良好的清洗、润湿、增稠、抗菌功效，常被用于制作洗面乳、卸妆乳等，直接和肌肤接触的产品中，也常用来制作婴儿洗发水、沐浴乳。

④过碳酸钠

无毒、无臭、无污染，溶解于水中后，会形成过氧化氢（双氧水）和碳酸钠（苏打），达到漂白、去污、除臭的作用。分解后的氧气、水、碳酸钠都是不会侵害环境的物质。

⑤柠檬酸

柠檬酸又称枸橼酸，安全环保、用途广泛，在食品中也常见其踪迹。易溶于水、呈弱酸性，可以和碱性脏污中和，达到去污功效。市场上常用来搭配小苏打粉，利用酸碱中和产生二氧化碳气泡，做成"泡泡洗剂"。

⑥小苏打粉

经济环保的小苏打粉，在烹调或清洁方面，都是居家的好伙伴。粉末状的小苏打粉，静置可以吸收空气中的湿气和异味，加水后形成弱碱性溶液，还能带走油污等酸性物质，且不具有毒性，不会对人体或环境造成负担。

① ② ③ ④ ⑤

⑦吐温 20 乳化剂

一种亲水的乳化剂，易溶解、不黏腻，有助于溶解污垢，且不易残留。婴幼儿无泪配方洗发水的主要原料就是它。刺激性低，清洁力强。

⑧盐

盐的离子化合物有加强清洁的效果，还可以增稠。选择一般食用精盐即可，有没有加碘对效果影响不大。

⑨75% 酒精

酒精是天然的消毒杀菌剂，也是很好的有机溶剂，使用在居家用品中，效果很好。

⑩草本天然精油

本书中的主角。天然精油的种类很多，其中茶树、澳洲尤加利、迷迭香、百里香、薰衣草、柠檬等精油的清洁效果都很不错，价格也比较低，再依消毒、杀菌、防腐等特性挑选，就是很好的清洁原料。（精油的挑选请参考 P20）

Box "表面活性剂"都是坏蛋?

表面活性剂是一种可以让水和油脂相溶的人工合成成分，广泛运用于我们的日常生活中，食品、药品、清洁剂、化妆品、沐浴乳、牙膏……不胜枚举。但因为被误解，很多人听到表面活性剂就唯恐避之不及。但其实表面活性剂的种类非常多，应该在意的是其中的成分，而不是一竿子全部打翻。我在挑选时最注重的两点，便是"无毒""环保"。本书中使用的椰子油起泡剂和吐温 20 乳化剂都是低刺激且不易残留在环境中的产品，其中吐温 20 乳化剂更是可以合法用于食品的温和成分，即便像我一样容易过敏的人也可以使用。

⑥　　　⑦　　　　　⑧　　⑨　⑩

即时解惑！
使用精油或制作日用品时
最常见的 Q&A

7 大观念问题，建构你对精油的全盘了解

 精油是什么？

 许多植物本身具有油囊，而精油是从植物油囊萃取出来的一种液体物质，具有气味芬芳、浓度高、挥发性强所以香味不持久、可被稀释等特性，但它并不油腻，质感反倒有些涩，在遇热或是日光照射时，很容易氧化。也因为精油具有相当复杂的成分，所以大多精油具有抗菌抗敏、安抚情绪、舒缓紧张、缓解病症的作用。

 精油是怎么来的？

 精油是从植物的不同部位，包括根、茎、树皮、枝干、叶、花朵、果皮及果实之中采集而来，主要经过摘采、洗净、萃取、成品等过程，但不是每种精油都需历经这些过程；有些则还需要额外进行发酵的作业。在萃取阶段，又有蒸馏法、溶剂萃取法、冷压榨法、脂吸法等不同方式，其中，蒸馏法中的水蒸气蒸馏法最早被用来制造精油，也是最普遍使用的一种，而且有些萃取方法的后制程序，也需要用到蒸馏法以取得精油。大致说来，多数精油来自蒸馏法萃取；至于果实类的精油则多由压榨法取得；至于蒸馏精油的副产物，就是所谓的纯露。

Q3 为什么精油会有功效?

 A3 精油来自天然植物,而植物为了在大自然中生存及繁衍,本来就具有防御、吸引、驱赶等能力;植物在进行光合作用时,会经过一系列程序而转变为成分复杂的"精油",并储存于"油囊"当中。也正因为精油成分具有某些药理作用,所以可以对人体产生一些辅助治疗作用。

实验分析证明,精油中的主要成分可分为以下十种化合物家族,而每种又可以再向下细分,例如"醛类"之下还有"香叶醛"等。也由于存在于每种精油中的化学分子组成比例不一样,所以功效各不相同;加上各成分之间还会产生交互作用,所以会产生许多功效组合,直到目前,仍有许多科学家在持续进行相关研究。

【精油中的十大化学分子与其功效】

	精油中的主要化学分子类别	功效
01	萜烯类(Terpenes)	消毒、杀菌、消炎、降血压、止痛、抗痉挛、提振精神
02	醇类(Alcohols)	抗感染、消炎、平衡神经系统、提升免疫、调理内分泌
03	酯类(Esters)	抗痉挛、消炎、抗霉菌、修复皮肤组织、稳定情绪
04	酚类(Phenols)	抗感染、提升免疫、杀菌、提振精神
05	酸类(Acids)	杀菌、消炎、促进细胞再生、舒缓情绪
06	醛类(Aldehydes)	抗感染、消炎、降血压、体温、放松心情
07	酮类(Ketones)	杀菌、抗凝血、止痛、抗痉挛、分解黏液、稳定情绪
08	酚甲醚类(Phenyl Methyl Ethers)	抗感染、调理消化系统、提升免疫、提振精神
09	氧化物(Oxides)	分解黏液、助咳、消炎、呼吸系统症状调理、提升专注力
10	内酯与香豆素类(Lactones & Coumarins)	分解黏液、助咳、降体温、缓解压力

使用精油时，需要特别注意什么？会不会有副作用？

正确使用精油，应注意以下四个重点：一是<u>精油成分</u>，选用时，请务必确认为纯天然精油，若用到劣质化学冒充品，将对身体造成伤害；二是<u>使用方法</u>，即须注意各种正确的使用方法与步骤，以免因为错用、误用，而达不到应有的功效；三是<u>使用剂量</u>，应按照调配说明添加，切勿以为增加分量就能加速作用，因为一滴精油是几十株植物精华浓缩的结果，过度刺激反而有可能适得其反；四是<u>使用对象</u>，需注意个人有无过敏反应、是否为敏感型肌肤、女性有无怀孕、是否为两岁以下婴幼儿等，使用前最好先经测试确认。此外，也千万不可将未经稀释的精油涂抹于皮肤、黏膜，或滴入眼睛，更切勿直接口服植物精油。只要掌握上述原则，精油本身不会对人体造成什么副作用。

用精油调制清洁日用品，浓度越高越好吗？

精油是高度浓缩的物质，根据研究，不同种类的<u>精油通常使用 1%～3% 就能产生杀菌消毒作用</u>，所以精油浓度并不是越高越好。如果接触到皮肤，浓度太高反而会造成皮肤过敏及灼伤；使用在某些家具上甚至会损坏家具表面。因此使用精油时不建议浓度太高。如果要换算应该加入的精油总滴数，可用下面这个公式推算：

体积（毫升）× 浓度 (%)×20 ＝加入精油总滴数

有没有不适合做清洁日用品的精油？

做清洁日用品的精油没有特别限制，最大的限制就是价格，例如 10 毫升玫瑰精油需要 4800～7200 元人民币，如果用来做清洁用品，成本就会太高。另外需要注意的是，喷洒在衣物上的成品要避免使用有颜色的精油，不然会造成衣物染色。最后，气味也是要列入考虑的一大重点。与家人同住的话，就要顾虑到其他人是否能接受这些气味，才能营造每个人都觉得舒适的居家气息。

用精油做清洁日用品会不会很贵？

 精油并不是都很贵，<u>做清洁用品时不一定要使用有机精油，只要是天然精油即可</u>。精油价格也会随着不同品相而有不同的价格，而且精油需求量也不大，使用天然清洁用品也对健康又非常多的好处，相较之下的性价比就会很高。

Column 2
让生活充满香气的"香氛建筑"

"香氛建筑"是最近很流行的香氛概念，顾名思义就是在建筑物中喷洒香水或是堆放花卉，让建筑物散发香气。其实在很久以前，建筑物的气息就已经贯穿我们的生活，例如日式木造房屋的木质调香气，庙宇的檀香与沉香气息，还有四合院老屋中太阳曝晒的气味……每栋建筑物都有属于自己的气味，当嗅觉和大脑连接，就会自然而然联想到记忆中的画面，甚至勾起尘封的回忆。

近年来，香氛建筑的发展越来越蓬勃。建筑物的美不只能用眼睛看，当静下心来闻的时候，也能感受到其带来的感动。根据美国气味疗法专家的研究，香味能使焦虑、发怒的情绪得到控制，而人在困倦时，闻到柠檬香气也会清醒许多。在日本，甚至有专门研究香味空气装置的公司实验后发现，计算机操作人员在呼吸茉莉和柠檬香味空气后，计算错误大幅减少 33%～54%，效果非常惊人。

除此之外，香气也有调节食欲的作用，使用刺激性的香味会让人倒胃口，而陈皮的香味则能诱发想吃东西的欲望，很适合餐厅使用。其他如天竺花的香味有镇静作用，可以用来缓解失眠；迷迭香和薰衣草的香味能缓解哮喘；菊花的香味能缓解感冒症状等，好处非常多。据说中国古代名医华佗，也曾用麝香、丁香做成小巧的香袋悬挂在室内，用来治疗疾病，也是一种"香氛建筑"的概念。

需要注意的是，现在民间扩香大多使用化学香精调香，化学香精只有香味，无法像纯天然精油中的某些成分能抵达大脑边缘系统，产生情绪的舒缓与放松，而近年来对于化学香精危害人体的研究也渐渐成为热点，因此，必须选择天然精油才能真正带来健康上的助益。目前，作者正致力于将天然香氛运用到公共空间中。

▲ 配合居家空间调制天然香氛，让生活充满芳疗气息。

Chapter 2

食 ‖ 餐厅、厨房用品

去污除渍、除臭芳香，

扫去顽固的污垢和油烟味！

柠檬抹布消毒液

　　清新的柠檬气息，仿佛能让人在纷乱情绪中找到一抹蓝天。抹布是我们每天最常用到的清洁工具，也最容易藏污纳垢，建议每3~6天就消毒一次。柠檬精油的清洁效果极佳，搭配温和的过碳酸钠和吐温20调配出的消毒液，可以发挥强力的消毒杀菌功效，又不会像漂白水般呛鼻伤手。

清洁杀菌，
心情也跟着洁净清新！

▌工具

- 家用盆
- 搅拌棒
- 量匙

▌材料

水 ⋯⋯⋯⋯⋯⋯⋯ 500 毫升
吐温 20 ⋯⋯⋯⋯⋯ 10 毫升
过碳酸钠 ⋯⋯⋯⋯⋯ 25 克
柠檬精油 ⋯⋯⋯⋯⋯⋯ 2 滴

▌作法

1 先准备一个足以浸泡抹布的盆，倒入 500 毫升水。

2 在水中倒入过碳酸钠 25 克。

3 用搅拌棒充分搅拌至溶解。

4 再加入 10 毫升吐温 20 搅拌混合。

5 最后滴入 2 滴柠檬精油，稍微拌匀即可。

6 将抹布浸入溶液中约 30 分钟，充分杀菌消毒。

TIP 此为单次使用量，因为过碳酸钠加水后会慢慢失效。

▌延伸运用

❶ 甜橙除臭抹布消毒液
甜橙精油同样具有良好的杀菌效果，还有开胃的作用，很适合用于厨房用品。

❷ 茶树防霉抹布消毒液
如果抹布常放在潮湿易发霉的地方，可以改用抗菌的茶树精油。

❸ 沉香醇百里香强效抹布消毒液
沉香醇百里香精油能有效去除细菌及病毒，减少异味的产生。

Memo

保存期限：立即使用。
保存方法：立即使用。
使用方法：将抹布浸泡 30 分钟后拧干即可。
注意事项：柠檬精油具有光敏性，浓度不宜高于 2%，否则容易造成皮肤发黑。

温和的沉香醇百里香，
是杀菌界的第一把交椅！

沉香醇百里香
厨房去污清洁剂

　　沉香醇百里香精油不仅有甜甜的香气，还有强大的杀菌效果。如果担心市售清洁剂成分不明，就自己 DIY 沉香醇百里香的无毒清洁剂吧！加入椰子油起泡剂的温和清洗力和同样具有清洁功效的酒精，再搭配食盐作为天然防腐剂，一举多得。让沉香醇百里香精油的温暖气息，时时刻刻呵护家人的健康。

▎工具

- 1000 毫升烧杯
- 搅拌棒
- 量匙
- 550 毫升以上的避光压头瓶

▎材料

食盐	25 克
水	300 毫升
椰子油起泡剂	125 毫升
酒精	50 毫升
沉香醇百里香精油	30 滴（约 1.5 毫升）

▎作法

1 将 300 毫升水倒入烧杯中，再加入 25 克食盐拌匀。

2 接着加入 125 毫升椰子油起泡剂，搅拌溶解。

3 接着倒入 50 毫升酒精，均匀混合。

4 最后滴入 30 滴沉香醇百里香精油。

5 搅拌均匀后，装瓶即完成。

▎延伸运用

❶ 肉桂杀菌清洁剂
　肉桂精油是消毒杀菌的好帮手，还能为家里增添温暖的异国气息。

❷ 肉豆蔻消毒清洁剂
　肉豆蔻精油本身有一股温暖多层次的香料味，很适合运用在厨房空间中。

❸ 丁香花苞速效清洁剂
　丁香花苞精油具有很强的清洁和防腐效果，清新的香气是居家清洁精油的常备选项。

Memo

保存期限：6 个月。
保存方法：室温保存，避免阳光直射。
使用方法：用海绵、百洁布蘸清洁剂使用，再以清水洗净。
注意事项：虽然使用温和无毒的精油等成分，仍应尽量避免误食。

温和不伤手，
不怕碗盘中残留化学香精。

甜橙去油洗洁精

　　金黄色的甜橙温和不刺激，还有助于修护肌肤，香甜幸福的气味，让冲洗碗盘的同时，仿佛感受到自由轻快的旋律。使用食盐和酒精代替传统防腐剂，杀菌效果好、容易冲洗不易残留，而且使用也更安心，不用怕吃进过多的化学药剂。

▌工具

- 1000 毫升烧杯
- 搅拌棒
- 600 毫升以上的避光压头瓶
- 量匙

▌材料

水	350 毫升
椰子油起泡剂	125 毫升
食盐	45 克
酒精	25 毫升
甜橙精油	30 滴
	（约 1.5 毫升）

▌作法

1 向烧杯中倒入 350 毫升水，并加入食盐 45 克。

2 用搅拌棒充分搅拌到食盐完全溶解。

3 接着倒入 125 毫升椰子油起泡剂，充分搅拌溶解。

4 再倒入酒精 25 毫升后，搅拌混合均匀。

5 加入甜橙精油 30 滴，搅拌均匀。

6 装瓶即完成。

▌延伸运用

❶ 柠檬抗菌洗洁精
柠檬精油清洁杀菌效果好，宜人的香气还可以缓解焦虑情绪。

❷ 茶树去霉洗洁精
茶树精油的清洁力强，能有效抑制许多常见的霉菌，提升免疫力。

❸ 葡萄柚清香洗洁精
葡萄柚精油酸甜的气味有提振精神的作用，消毒杀菌的功效也很好。

Memo

保存期限：6 个月。

保存方法：室温保存，避免阳光直射。

使用方法：同一般洗洁精，以海绵、百洁布蘸取后清洗碗盘，再以清水冲洗干净。

注意事项：① 使用后需盖好瓶盖，以防酒精挥发及食盐于瓶口周围结晶，但若产生食盐结晶，也不影响品质。
② 虽然使用温和无毒的精油等成分，仍应尽量避免误食。

柠檬冰箱除臭剂

吸湿抗菌，
消除食物残留的杂味。

封闭的冰箱里虽然只有 4~8℃，但细菌和霉菌依然会缓慢生长，而且充斥着各种难闻气味，这时候就要用怡人的柠檬香气来整顿！打开冰箱，也犹如在享受芳香疗法。

工具

- 玻璃容器
- 量匙

材料

小苏打粉 ········ 50 克
柠檬精油 ·· 6~10 滴

延伸运用

① **甜橙芳香冰箱除臭剂**
甜橙精油的气味清甜，不会让冰箱里的食物气味显得突兀。

② **佛手柑消毒冰箱除臭剂**
略带花香的佛手柑精油，除了消毒杀菌外，还能舒缓紧张的情绪。

③ **葡萄柚抑菌冰箱除臭剂**
葡萄柚精油的清洁力强，可以抑制细菌滋生，清新平衡的香气也很令人舒适。

作法

1

取 1 个约饭碗大小的玻璃容器，倒入约 50 克小苏打粉。

2

在小苏打粉四周滴 6~10 滴柠檬精油。

TIP 不要搅拌粉末，方便小苏打粉吸收水分。

Memo

保存期限：每 1~2 个月需更新。
使用方法：不需包覆，直接置于冰箱冷藏室中。
注意事项：也可以替换成喜欢的香气，但建议使用柑橘类精油。冰箱里不适合花香调精油，和食物的气味不搭。

柠檬抽油烟机去污剂

　　抽油烟机上卡满了黏腻油垢，怎么刷都刷不掉……别担心，柠檬精油的神奇去油力，不仅用在皮肤上有效，在居家清洁上一样能派上用场！再结合能够溶解油污的天然橘皮油加强辅助，效果加倍，成分却更温和安心，还可以在清洁油渍的同时享受柠檬香气，让心情跟着愉悦起来。

用柠檬的强力去油功效，
轻松除去难缠的油污。

▍工具
- 500 毫升烧杯
- 搅拌棒
- 500 毫升避光压头瓶

▍材料
椰子油起泡剂 ········ 150 毫升
吐温 20 ··············· 150 毫升
橘皮油 ················· 100 毫升
酒精 ··················· 100 毫升
柠檬精油 ·················· 30 滴
（约 1.5 毫升）

▍作法

1 向烧杯中倒入 150 毫升椰子油起泡剂。

2 再加入 150 毫升吐温 20。

3 接着再将 100 毫升橘皮油、100 毫升酒精倒进烧杯中。

4 用搅拌棒将所有材料充分搅拌均匀。

5 最后滴入 30 滴柠檬精油。

6 待充分混合后，装入瓶中。

▍延伸运用

1 **迷迭香抽油烟机去污剂**
带有迷人青草味的迷迭香精油，除了杀菌、去油作用外，还有防霉功效。

2 **大西洋雪松抽油烟机去污剂**
木质香气的大西洋雪松精油可以安定心神，还有强效的去油、抗菌能力。

3 **薄荷抽油烟机去污剂**
薄荷精油能有效去除油渍，清凉香气也能为厨房带来焕然一新的感觉。

Memo

保存期限：6 个月。
保存方法：室温保存，避免阳光直射。
使用方法：① 以小毛刷蘸去污剂，涂抹在抽油烟机的油渍处，静置 10~20 分钟。
② 戴上手套以厨房纸巾轻松擦去油渍。油渍去除后，再以纸巾擦拭干净。
注意事项：虽然使用温和无毒的精油成分，仍应尽量避免误食。

薰衣草瓷砖清洁剂

　　薰衣草在拉丁文中有"清洁"的意思，除了抗菌外，除臭效果也很优异，再加上可以乳化油渍的椰子油起泡剂、吐温 20 和酒精、橘皮油辅助，就能做出温和不伤瓷砖的超强效清洁剂，将经年累月积累的油渍及顽固污垢分解殆尽。淡淡的薰衣草香让人犹如身在母亲温暖的怀抱中放松，让厨房成为最美丽的风景！

除去瓷砖上的肮脏黏腻，
找回洁白亮眼的厨房空间。

▎工具

- 500 毫升烧杯
- 搅拌棒
- 500 毫升以上避光压头瓶

▎材料

椰子油起泡剂 ……… 100 毫升
吐温 20 ……………… 100 毫升
橘皮油 ………………… 100 毫升
酒精 …………………… 200 毫升
薰衣草精油 ……………… 30 滴
（约 1.5 毫升）

▎作法

1 先向烧杯中倒入 100 毫升椰子油起泡剂。

2 再加入 100 毫升吐温 20。

3 接着再倒入 100 毫升橘皮油、200 毫升酒精。

4 用搅拌棒充分搅拌均匀。

5 滴入 30 滴薰衣草精油。

6 搅拌均匀后，装入避光压头瓶中即完成。

▎延伸运用

❶ **澳洲尤加利瓷砖抗菌清洁剂**
除了杀菌、抗螨外，澳洲尤加利精油还有净化空气、保护呼吸系统的作用。

❷ **柠檬香茅瓷砖除臭清洁剂**
柠檬香茅精油能除臭、驱虫，清新的香气让你在做菜时也有度假般的心情。

❸ **玫瑰天竺葵瓷砖芳香清洁剂**
玫瑰天竺葵精油能消炎杀菌，奢华的香气让人仿佛置身浪漫天堂。

Memo

保存期限：6 个月。
保存方法：室温保存，避免阳光直射。
使用方法：① 戴上手套后，以厨房纸巾蘸取清洁剂，擦拭瓷砖上的油垢。
　　　　　② 油垢去除后，再以纸巾，将瓷砖擦拭干净。
注意事项：无。

雪松炉具清洁剂

　　幸福的料理时光，可不能被炉具上的层层油渍破坏殆尽。雪松木的香气有驱虫的作用，常被做成储藏箱，在古埃及时代也被用来制作木乃伊。良好的清洁抗菌效果，再搭配吐温 20 和酒精除去油污，内敛沉稳的大西洋雪松精油，与食物气味结合丝毫不突兀，让料理空间持续弥漫平静优雅的气息。

250mL

用去污抗菌的大西洋雪松精油,
让炉具立刻闪亮如新!

▌工具

- 500 毫升烧杯
- 搅拌棒
- 550 毫升以上
  避光压头瓶

▌材料

水	300 毫升
吐温 20	150 毫升
酒精	50 毫升
大西洋雪松精油	30 滴
	（约 1.5 毫升）

▌作法

1 向烧杯中倒入 300 毫升水，再加入 150 毫升吐温 20。

2 用搅拌棒均匀搅拌混合，此时液体呈微微的乳白色。

3 接着倒入 50 毫升酒精。

4 滴入大约 30 滴大西洋雪松精油。

5 充分均匀混合后，装瓶。

▌延伸运用

①苦橙叶炉具去油清洁剂
带有淡淡花香的苦橙叶精油，不仅能去除油渍，还可以除臭及增强免疫力。

②莱姆炉具清新清洁剂
莱姆精油是天然的消毒剂，可以提高清洁效果，同时净化家中空气。

③薰衣草炉具抗菌清洁剂
薰衣草精油不仅具有清洁、抗菌的作用，还能达到对皮肤消炎镇静的功效。

Memo

保存期限：6 个月。
保存方法：室温保存，避免阳光直射。
使用方法：① 以厨房纸巾蘸取后，直接擦拭于炉具污渍处。
② 如果是陈年老垢，建议改用百洁布蘸取后清理。
注意事项：无。

茶树厨房灭菌喷雾

潮湿环境中滋生的细菌，
用灭菌喷雾一网打尽。

厨房难免有食物碎屑和残渣堆积在阴暗处，长时间下来，容易滋生许多微生物。茶树精油不但有木质的宜人气味，同时对细菌、霉菌、病毒这三类微生物，也具有广泛性的抵抗作用。

▌工具
- 500 毫升烧杯
- 500 毫升避光喷头瓶
- 搅拌棒

▌材料

酒精 .... 200 毫升
水 .... 50 毫升
茶树精油 .... 50 滴
（约 2.5 毫升）

▌延伸运用

❶ 百里香厨房灭菌喷雾
百里香精油的抗菌效果极强，但要注意高血压患者和孕妇禁用。

❷ 澳洲尤加利厨房灭菌喷雾
清洁力很高的澳洲尤加利精油，能有效杀死厨房中滋生的细菌、病毒。

❸ 桧木厨房灭菌喷雾
桧木精油杀菌力强、同时有除臭功效，能让厨房散发沉稳舒缓的香气。

▌作法

1 在烧杯中倒入200 毫升酒精、50 毫升清水、50 滴茶树精油。

2 均匀搅拌后，装入避光喷头瓶中即完成。

Memo

保存期限：6 个月。
保存方法：室温保存，避免阳光直射。
使用方法：① 喷洒于厨房地板、墙角等容易堆积污垢的地方。
　　　　　② 喷洒后，打开窗户，让灭菌喷雾散发。
注意事项：酒精易燃，使用时须避开火源。

澳洲尤加利锅具除锈膏

　　心爱的锅用久了，锅底黑黑的洗不干净怎么办？澳大利亚人很早就发现尤加利的杀菌清洁功效，搭配吐温 20 的清洁力及橘皮油的除锈功能，再加上小苏打粉摩擦去污，刷一刷，马上恢复锅底光亮。同时尤加利还有消炎、缓解肌肉酸痛的效果，消除做家务的辛劳。

强力的去污效果，
让斑驳铁锈统统消失！

工具

- 500 毫升烧杯
- 500 毫升避光广口瓶
- 秤

材料

吐温 20 ·················· 50 毫升
橘皮油 ··················· 50 毫升
小苏打粉 ················· 100 克
澳洲尤加利精油 ········· 40 滴
　　　　　　（约 2 毫升）

1 向 100 克小苏打粉中倒入 50 毫升吐温 20。

2 再加入 50 毫升橘皮油。

3 用搅拌棒充分混合，搅拌成均匀膏状。

4 最后滴入 40 滴澳洲尤加利精油，拌匀。

5 装入避光广口瓶中即完成。

CHECK 使用除锈膏刷洗后的效果。

延伸运用

① 薰衣草锅具除锈膏
薰衣草精油有强效的清洁力和抗菌功能，但怀孕初期的孕妇和低血压患者避免使用。

② 百里香锅具除锈膏
沉香醇百里香精油除了消毒抗菌外，还有助消化的作用，很适合用在厨具上。

③ 薄荷锅具除锈膏
薄荷精油凉爽清新又具杀菌力，除了可以防腐外，还能预防细菌感染。

Memo

保存期限：建议立即使用，最长保存一周。
保存方法：室温保存，避免阳光直射。
使用方法：① 戴上塑料手套，以铁刷或百洁布蘸除锈膏，涂抹在锅具脏污处静置 10~20 分钟，陈年老垢可隔夜静置。
② 等锈垢开始溶解后，用百洁布用力刷洗，再用清水冲洗干净。
注意事项：① 除锈膏放久后，小苏打粉会沉淀到底部，使用前需再次搅拌均匀。
② 不粘锅、珐琅等容易磨损的材质，请避免使用铁刷刷洗。

2 食餐厅、厨房用品

甜橙奶瓶洗洁精

　　宝宝每天都用的奶瓶很容易附着牛奶中的油脂。想要彻底清洁，又怕市售清洁剂危害孩子健康？妈妈们，一起动手做纯天然洗洁精吧！使用温和的甜橙精油以及植物来源的原料，低刺激性又可以抗毒杀菌，除了洗奶瓶外，也可以洗全家人的锅碗瓢盆，让吃进嘴里的食物更有保障！

植物来源的纯天然洗剂，
给宝宝安全无毒的悉心呵护！

工具

- 1000 毫升烧杯
- 搅拌棒
- 量匙
- 1000 毫升
  避光压头瓶

材料

水	325 毫升
食盐	12.5 克
椰子油起泡剂	75 毫升
酒精	100 毫升
甜橙精油	30 滴
	（约 1.5 毫升）

作法

1 向烧杯中倒入 325 毫升水、12.5 克食盐。

2 接着再加入 75 毫升椰子油起泡剂、100 毫升酒精。

3 用搅拌棒均匀混合。

4 最后再滴入 30 滴甜橙精油后，搅拌均匀。

5 装入避光压头瓶中即完成。

延伸运用

1 柠檬奶瓶抗菌洗洁精
　柠檬精油具有抗菌、抗病毒的功能，还可以帮助调节消化系统。

2 佛手柑奶瓶消毒洗洁精
　佛手柑精油带有淡淡的花香气息，能有效杀菌并提高免疫力。

3 葡萄柚奶瓶去油洗洁精
　酸甜的葡萄柚精油，除了清洁消毒外，香气也有预防感冒的功效。

Memo

保存期限：6 个月。

保存方法：室温保存，避免阳光直射。

使用方法：以 1：5 的比例用水稀释洗洁精后，将奶瓶浸泡数分钟，再以奶瓶刷清洁，最后用清水洗净即可。

注意事项：① 使用后请盖好瓶盖，以防酒精挥发及食盐结晶留于瓶口周围。瓶口若出现食盐结晶为自然现象，不影响品质。
　　　　　② 虽然使用温和无毒的精油等成分，仍应尽量避免误食。

葡萄柚洗碗机专用洗碗粉

许多市售碗盘清洁剂都添加了葡萄柚成分，因此葡萄柚"去油污"的名声广为人知。一般洗洁精会产生许多浮在水面上的"泡泡"，洗碗机会冲不干净，所以必须使用专用洗碗粉。运用小苏打粉的清洁功能，加一点椰子油起泡剂和葡萄柚精油，就能做成好用又方便的洗碗粉哦！

自己动手做洗碗机的清洁剂，

不但可以杀菌，还能让碗盘亮晶晶！

工具

- 500 毫升烧杯
- 搅拌棒
- 秤
- 500 毫升避光广口瓶

材料

小苏打粉 ·················· 300 克
椰子油起泡剂 ········· 10 毫升
葡萄柚精油 ················ 60 滴
（约 3 毫升）

作法

1

向烧杯中倒入 300 克小苏打粉和 10 毫升椰子油起泡剂。

2

用搅拌棒充分搅拌均匀。

3

混合均匀后，再滴入 60 滴葡萄柚精油。

4

拌匀后，装入避光广口瓶中即完成。

延伸运用

1 **柠檬洗碗机专用洗碗粉**
柠檬精油兼具杀菌和抑制霉菌的功效，很适合清洗容易潮湿发霉的碗盘。

2 **甜橙洗碗机专用洗碗粉**
甜橙精油中的柠檬稀具有强效的杀菌力，可以让碗盘和洗碗机一起变干净。

3 **柠檬香茅洗碗机专用洗碗粉**
柠檬香茅精油的清洁效果良好，在印度也常被用来预防传染病。

Memo

保存期限：6 个月。
保存方法：室温保存，避免阳光直射。
使用方法：按照洗碗机专用洗洁粉流程使用即可。
注意事项：无。

善用丁香花苞精油的超强杀菌力，
消除排水孔中的细菌和臭味。

丁香花苞
排水管清洁剂

厨房料理台的排水管通常很难刷洗到，但又最容易卡住食物残渣，造成细菌、霉菌繁殖。使用丁香花苞精油制作的排水管清洁剂，结合了丁香酚的强力洁净功效及酸碱两剂的去污作用，快速带走难缠油腻和脏污，同时去除腐败潮湿的臭味！

工具

- 2 个 250 毫升烧杯
- 搅拌棒
- 2 个 150 毫升避光广口瓶
- 秤

材料

A 剂:

过碳酸钠	50 克
小苏打粉	50 克
吐温 20	20 毫升
丁香花苞精油	10 滴
	（约 0.5 毫升）

B 剂:

柠檬酸	100 克

作法

1 先向烧杯中倒入 50 克过碳酸钠。

2 再加入 50 克小苏打粉。

3 倒入 20 毫升吐温 20。

4 最后滴入 10 滴丁香花苞精油后搅拌混合成 A 剂。

5 先量好 100 克柠檬酸，作为 B 剂。

6 完成 A、B 两剂，装入避光广口瓶或直接使用即可。

延伸运用

1. **肉豆蔻排水孔杀菌清洁剂**
   也可改用同样具有强效抗菌力的肉豆蔻精油。

2. **柠檬香茅排水孔驱虫清洁剂**
   柠檬香茅精油除了杀菌除臭外，还有驱虫、除螨功效，适合过敏性鼻炎患者使用。

3. **百里香排水孔除臭清洁剂**
   沉香醇百里香精油可以有效吸附异味，达到良好的除臭效果。

Memo

保存期限：制作完成立刻使用。

使用方法：① 将混合好的 A 剂倒入排水孔中，用竹筷搅拌，帮助粉末进入排水孔。

② 接着倒入 B 剂，覆盖在 A 剂上。

③ 慢慢倒入 500 毫升清水，柠檬酸溶化后会和小苏打粉碱中和，开始起泡。

④ 静置 1 小时等泡泡消失后，再用大量清水冲洗，达到除臭、杀菌、清洁效果。

注意事项：丁香花苞精油刺激性高，请注意不要直接接触皮肤，避免皮肤灼伤。

甜橙蔬果清洁剂

　　"多吃蔬果"是现代健康饮食的热门概念，但吃蔬果之余，可别把大量农药也跟着吃下肚！自己做的蔬果清洁剂成分单纯、用起来安心，选择搭配果香味的甜橙精油，温和低刺激且清洁力强，还能在洗去残留药物的同时，达到呵护双手的作用。

去除残留在农作物上的农药，
吃得更安心！

▌**工具**

- 500 毫升烧杯
- 搅拌棒
- 秤
- 500 毫升避光压头瓶

▌**材料**

水	350 毫升
椰子油起泡剂	50 毫升
食盐	50 克
酒精	50 毫升
甜橙精油	30 滴
	（约 1.5 毫升）

▌**作法**

1 向烧杯中倒入 350 毫升水，加入 50 克食盐。

2 充分搅拌到食盐溶解。

3 加入 50 毫升椰子油起泡剂。

4 接着倒入 50 毫升酒精，充分搅拌。

5 最后滴入 30 滴甜橙精油。

6 拌匀后，装入避光压头瓶中即完成。

▌**延伸运用**

❶ 柠檬蔬果清香清洁剂
柠檬精油清甜的果香味很适合用在厨房中，消毒杀菌外，还有助于缓解焦虑。

❷ 茶树蔬果温和清洁剂
抗敏感、低刺激的茶树精油，能有效抑制多种致病细胞及霉菌。

❸ 葡萄柚蔬果洁净清洁剂
酸甜的葡萄柚精油具备消毒的功效，同时还能舒缓做家务的疲劳情绪。

Memo

保存期限：6 个月。

保存方法：室温保存，避免阳光直射。

使用方法：以 1：100 的比例稀释水和蔬果清洁剂后，将蔬果浸泡 1 分钟，再用清水洗净即可。

注意事项：① 使用后请盖好瓶盖，以防酒精挥发及食盐结晶留于瓶口周围。若瓶口出现食盐结晶为自然现象，不影响品质。
　　　　　② 蔬果清洁剂虽然使用温和无毒的精油等成分，仍应尽量避免误食。

迷迭香餐桌
去油洁净喷雾

　　吃完饭后，看到餐桌上残留着汤汤水水和油渍，好心情瞬间消失了一半？用迷迭香精油做一瓶餐桌专用的去油喷雾，随时喷一喷，让飘散迷迭香香气的椰子油起泡剂和酒精乳化桌上油渍，轻轻一擦，快速带走油污，给你一个舒适清新的用餐空间。

用迷迭香精油的清香，
带走用餐后桌上的油腻感。

▌工具

- 500 毫升烧杯
- 搅拌棒
- 500 毫升避光喷头瓶

▌材料

水 ………………… 225 毫升
酒精 ………………… 20 毫升
椰子油起泡剂 ……… 5 毫升
迷迭香精油 …………… 5 滴

▌作法

1 先在 500 毫升烧杯中倒入 225 毫升水，接着再倒入 20 毫升酒精。

2 加入 5 毫升椰子油起泡剂。

3 用搅拌棒充分混合均匀。

4 最后滴上 5 滴迷迭香精油。

5 拌匀后，装入避光喷头瓶中即完成。

▌延伸运用

① 茶树餐桌防霉洁净喷雾
茶树精油具有广泛性的抗菌、抗霉、清洁作用，清新的香气也具有舒缓功效。

② 葡萄柚餐桌清新洁净喷雾
葡萄柚精油酸中带甜的气息不会过于甜腻，除了杀菌外，也可以让思绪更为清晰。

③ 柠檬香茅餐桌抗菌洁净喷雾
时常被运用在料理中的柠檬香茅，其精油具有杀菌作用，香气也不会和食物冲突。

Memo

保存期限：2 个月。
保存方法：室温保存，避免阳光直射。
使用方法：直接喷洒于餐桌上，再用纸巾擦拭干净。
注意事项：无。

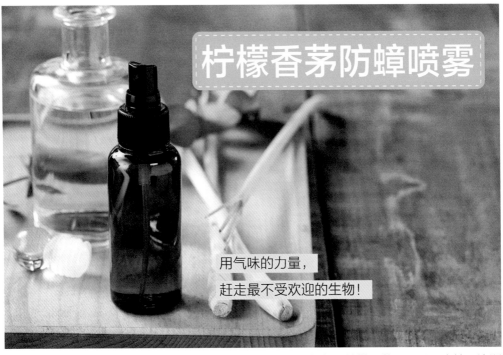

柠檬香茅防蟑喷雾

用气味的力量，
赶走最不受欢迎的生物！

厨房里让人最厌恶的蟑螂，对于某些气味特别抗拒，例如，柠檬香茅、丁香、肉桂、澳洲尤加利等，只要时常在厨房或橱柜缝隙中喷一喷，就能让蟑螂不敢靠近。

工具

- 250 毫升烧杯
- 100 毫升玻璃避光喷头瓶

材料

95% 酒精 ········· 100 毫升
柠檬香茅精油 ········· 10 滴
丁香花苞精油 ············ 5 滴
澳洲尤加利精油 ······· 5 滴

作法

1

2

在 100 毫升酒精中倒入 10 滴柠檬香茅精油、5 滴丁香花苞精油、5 滴澳洲尤加利精油。

均匀混合后，倒入玻璃避光喷头瓶中即完成。

延伸运用

① **肉桂防蟑喷雾**
将丁香精油替换成肉桂精油，同样具有防蟑效果。

② **香茅防蟑喷雾**
用香茅精油取代柠檬香茅精油，驱除蟑螂外，也可以当成防蚊喷雾。

③ **山鸡椒防蟑喷雾**
澳洲尤加利精油可以换成山鸡椒精油，醛类精油都具有驱赶蟑螂的功效。

Memo

保存期限：6 个月。
保存方法：室温保存，避免阳光直射。
使用方法：喷洒在厨房空间及柜子缝隙。
注意事项：具刺激性，注意不要喷到人体。

Chapter 3

衣 ‖ 更衣间、衣橱用品

除尘螨、抗过敏，

让衣物洁净芳香一整天！

让衣服平整亮丽，
散发薰衣草的宁静香氛！

薰衣草熨衣喷雾

　　精油具有软化纤维的效果，在蒸汽型熨斗中倒入薰衣草熨衣喷雾，通过喷出来的蒸汽，可以让衣物变得更平整，熨好后还会带有淡淡的天然花香，不喷香水也能绽放优雅宁静的气息。

▌工具

- 1000 毫升烧杯
- 搅拌棒
- 500 毫升
  避光喷头瓶

▌材料

水 .... 500 毫升
吐温 20 .... 1 毫升
酒精 .... 10 毫升
薰衣草精油 .... 20 滴
　　　　　　　　（约 1 毫升）

▌作法

1

向 1000 毫升烧杯中装入 500 毫升清水，滴入 20 滴薰衣草精油。

2

接着倒入 10 毫升酒精、1 毫升吐温 20。

3

充分搅拌至精油溶于水中。

4

装入避光喷头瓶中即完成。

TIP 如果使用的是直立式熨斗（挂烫机），可以直接改用薰衣草纯露或玫瑰纯露，以 1：100 比例加入水槽中即可。

▌延伸运用

❶ 玫瑰芳香熨衣喷雾
被称为"花后"的玫瑰香气宜人，烫整后随时都像喷洒了淡香水般清新。

❷ 橙花舒心熨衣喷雾
橙花精油是相当知名的抗抑郁精油，使用在工作穿的衣服上，有缓解焦虑的作用。

❸ 澳洲尤加利抗螨熨衣喷雾
抗敏效果极佳的澳洲尤加利精油，使用时随着蒸汽飘出，也能有效抵抗尘螨。

Memo

保存期限：2 个月。
保存方法：室温保存，避免阳光直射。
使用方法：用一般熨斗熨烫衣物时，直接喷洒在衣物上使用。
注意事项：可依个人喜好选用其他种类天然精油。

工具

- 500 毫升烧杯
- 搅拌棒
- 500 毫升避
  光瓶

材料

水 ───────── 450 毫升
吐温 20 ───────── 50 毫升
薰衣草精油 ───────── 100 滴
　　　　　　（约 5 毫升）

作法

1

向 500 毫升烧杯中装 450 毫
升清水，再慢慢倒入 50 毫升
吐温 20。

2

滴入 100 滴（约 5 毫升）
薰衣草精油。

3

用搅拌棒搅拌一下，充分混
合均匀。

4

装入避光瓶中即完成。

延伸运用

① **玫瑰天竺葵芳香洗衣液**
玫瑰天竺葵精油的香气不仅能放松精神，
还有消炎、杀菌的功效。

② **澳洲尤加利除螨洗衣液**
澳洲尤加利精油的气味可以彻底驱离尘
螨，同时也是天然的防蚊精油。

③ **沉香醇百里香抗菌洗衣液**
抗菌效果十分强劲，通过气味吸入百里香
的香气，比直接涂抹于肌肤更适合。

Memo

保存期限：2 个月。
保存方法：室温保存，避免阳光直射。
使用方法：如一般洗衣液的使用方法。
注意事项：无。

不伤肌肤的精油洗衣液，
让衣物散发香气、亮洁如新。

薰衣草低敏洗衣液

有精油界"万金油"之称的薰衣草精油，用途相当广泛，能有效驱虫、清洁、消毒，还有助于让情绪放松与平衡。运用温和不刺激的低敏洗护配方，加上纯天然精油 DIY洗衣液，不伤害衣物材质，还能呵护家人肌肤！

温和洗净、杀菌，
给身体最温柔的呵护。

茶树贴身衣物手洗洗衣液

市售洗衣液大都使用"阴离子表面活性剂"，便宜、洗净力强，却容易刺激肌肤。这里改用婴儿清洁用品常见的椰子油起泡剂，温和洗净又不刺激脆弱的敏感部位。搭配有杀菌功能的茶树精油，不但可以消除异味，还能有效舒缓并预防妇科疾病，给你最好的呵护！

▍工具

- 500 毫升烧杯
- 搅拌棒
- 1000 毫升避光压头瓶

▍材料

水 ┈┈┈┈┈ 400 毫升
椰子油起泡剂 ┈┈ 100 毫升
茶树精油 ┈┈┈┈┈ 100 滴
（约 5 毫升）

▍作法

1 向 500 毫升烧杯中装 400 毫升清水，缓缓倒入 100 毫升椰子油起泡剂。

2 起泡剂刚加入水中会凝结成团，稍微搅拌、静置几小时至溶解。

3 待均匀溶解后，再滴入 100 滴茶树精油，混合均匀。

4 最后装入避光压头瓶中，即完成。

TIP 女性经期间贴身衣物上有血渍时，可以向洗衣液中再加入 20 克过碳酸钠。等溶解后将贴身衣物浸泡 10～20 分钟后倒去浸泡液，再以清水洗净。

▍延伸运用

❶ **沉香醇百里香洁净手洗洗衣液**
沉香醇百里香精油温和的气味能同时能强效杀菌，降低细菌感染的可能性。

❷ **绿花白千层抗菌手洗洗衣液**
绿花白千层与茶树同科，其精油能有效抗菌，有助改善膀胱炎及尿道感染。

❸ **玫瑰天竺葵芳香手洗洗衣液**
玫瑰天竺葵精油带着一股犹如玫瑰的花香，有平衡内分泌、舒缓情绪的功效。

Memo

保存期限：3 个月。
保存方法：室温保存，避免阳光直射。
使用方法：一脸盆清水（约 4 升）加 20 毫升手洗洗衣液，用手搓揉干净即可。
注意事项：无。

想大快朵颐又怕弄脏衣服？
随身携带茶树除渍喷雾，
遇到脏污也不怕！

茶树衣物除渍喷雾

　　茶树精油强大的去污力，是让人放心的除渍高手。如果遇到容易堆积污垢、常常洗不干净的衣领、袖口；或是外出时衣物沾到污垢需要立即处理，只要用除渍喷雾喷一喷，就能迅速搞定！

▍工具

- 250 毫升烧杯
- 搅拌棒
- 500 毫升避光
  喷头瓶

▍材料

水 .... 100 毫升
酒精 .... 50 毫升
吐温 20 .... 100 毫升
茶树精油................. 50 滴
　　　　　　（约 2.5 毫升）

▍作法

1

烧杯中装入 100 毫升清水，
再倒入 50 毫升酒精。

2

再倒入 100 毫升吐温 20。

3

接着滴入 50 滴茶树精油，搅
拌混合均匀。

4

装入避光喷头瓶中即完成。

▍延伸运用

❶ 薄荷衣物除渍喷剂
凉爽的薄荷精油，除了抗菌消炎外，也有很好地
去渍力。

❷ 迷迭香衣物除渍喷剂
迷迭香精油气味温和提神，去污效果也不容小觑。

❸ 澳洲尤加利衣物除渍喷剂
澳洲尤加利精油的清洁效果不亚于它的杀菌功
效，可以快速去除污渍。

❹ 薰衣草衣物除渍喷剂
薰衣草精油温和的清洁力不会破坏衣物，清新的
香气也能带来好心情。

Memo

保存期限：3 个月。
保存方法：室温保存，避免阳光直射。
使用方法：① 外出时：外出时小部分涂抹或
　　　　　　　喷在衣物弄脏的地方。
　　　　　② 洗衣前：喷在衣物特别脏的地
　　　　　　　方上，静置 30 分钟清洗。
注意事项：可用小瓶分装，携带方便。

花草香除湿香氛袋

我很喜欢打开衣柜的瞬间，看到喜爱的衣物排列着，同时飘散出清香的气味，紧张的生活在这一刻得到短暂的舒缓。以具有除臭、防霉效果的天然花草精油带来清新香气，再搭配小苏打粉吸收水气，让衣物在潮湿的气候依然清爽芳香。

预防衣柜里的衣物发霉，

飘散舒服的香气！

▌工具

- 棉布袋
- 无味扩香石

▌材料

小苏打粉	100 克
茶树精油	5 滴
百里香精油	5 滴
薰衣草精油	5 滴

▌作法

1 在扩香石上滴入5滴茶树精油、5滴百里香精油、5滴薰衣草精油，静置几分钟待吸收。

2 先把 100 克小苏打粉装入棉布袋中。

3 再将滴入精油的扩香石也放入袋中。

4 将棉布袋的束口拉紧后，放入衣柜中即完成。

TIP 扩香石形状不限，选择可装入棉布袋的大小即可。

▌延伸运用

① **苦橙叶除湿香氛袋**
将薰衣草精油替换成苦橙叶精油，有助于舒眠减压、缓解紧张感。

② **依兰依兰除湿香氛袋**
香气迷人的依兰依兰花香具有正能量，可以让一整天充满活力。

③ **玫瑰除湿香氛袋**
最受女性喜爱的玫瑰香气，能够消除每天累积的忧郁情绪。

Memo

保存期限：1~2 个月更换一次小苏打粉。扩香石可重复使用，但需要补滴精油。
保存方法：室温保存。
使用方法：将制作好的成品放在衣柜里。
注意事项：无。

迷迭香衣物香氛喷雾

迷迭香清新的气息加上薰衣草的柔美，不但具有净化功效，还能中和吸附在衣物上的异味分子，达到除臭功效。调好后装成小瓶随身携带，就不怕吃完烧烤或火锅后异味缠身，可以持续保持在清新美好的最佳状态。

难缠的烧烤或火锅异味，
喷一喷，立刻消失无踪。

▎工具

- 250 毫升烧杯
- 搅拌棒
- 200 毫升避光
  喷头瓶

▎材料

酒精 ························· 75 毫升
水 ·························· 25 毫升
迷迭香精油 ·········· 30 滴
　　（约 1.5 毫升）
薰衣草精油 ·········· 20 滴
　　（约 1 毫升）

▎作法

1 烧杯中装 75 毫升酒精，再缓缓倒入 25 毫升清水。

2 接着滴入 30 滴迷迭香精油和 20 滴薰衣草精油。

3 用搅拌棒搅拌混合均匀。

4 装入避光喷头瓶即完成。

▎延伸运用

① **乳香沉静香氛喷雾**
　将迷迭香精油替换成乳香精油，同样具有极佳的除臭效果。

② **茶树清新香氛喷雾**
　将薰衣草精油改为茶树精油，不仅能除臭，还能抗菌、杀菌。

③ **玫瑰草甜蜜香氛喷雾**
　将迷迭香精油替换成玫瑰草精油，除臭之余还有甜美的芳香气息。

 Memo

保存期限：6 个月。
保存方法：室温保存，避免阳光直射。
使用方法：① 喷于衣柜内橱壁。
　　　　　② 可用 30 毫升小喷瓶分装，出门携带方便。
注意事项：① 直接喷于衣物上时，最好先局部测试再使用。
　　　　　② 用在衣服上的精油，不要挑有颜色的精油，避免染色。

雪松衣柜防虫剂

用天然香氛轻松除虫，摆脱恼人樟脑味。

担心买来防虫剂刺鼻，或是不爱樟脑的味道？大西洋雪松精油的木头香气，能有效对抗！

▌工具

- 5 毫升精油避光瓶
- 无味扩香石

▌材料

大西洋雪松精油 ……
60 滴（约 3 毫升）
澳洲尤加利精油 ……
20 滴（约 1 毫升）
薰衣草精油 …… 20 滴
（约 1 毫升）

▌延伸运用

❶ 桧木衣柜防虫剂
可将大西洋雪松精油换成桧木精油，同样带有木质调气息，非常适合放在衣柜中。

❷ 肉桂衣柜防虫剂
可将薰衣草精油换成肉桂精油，除了防虫外，温暖的肉桂香还可以抗菌。

❸ 丁香花苞衣柜防虫剂
可将澳洲尤加利精油换成丁香花苞精油，消炎抗菌功能相当卓越。

▌作法

1 将 60 滴大西洋雪松精油、20 滴澳洲尤加利精油、20 滴薰衣草精油，倒入精油避光瓶中。

2 双手滚动瓶子，让精油混合均匀后滴在扩香石上，放入衣橱。

TIP 使用大理石、砖块等表面细孔多的石头亦可。

Memo

保存期限：12 个月。扩香石可重复使用。
保存方法：室温保存，避免阳光直射。
使用方法：① 直接将滴入精油的扩香石置于衣柜内。
② 存放过季衣物时，可将精油扩香石连同衣物收纳于塑料盒中。
注意事项：为避免衣物碰到精油扩香石褪色或染色，可先用纸巾或棉袋包覆。

87

消除鞋子里的异味细菌，
再也不怕脱鞋尴尬！

玫瑰天竺葵
鞋子杀菌喷雾

　　玫瑰天竺葵有类似于玫瑰的香气且物美价廉，有"穷人的玫瑰"之称，拿来作为鞋子喷雾既经济又实惠。常穿的球鞋、皮鞋如果不透气就容易滋生细菌、产生臭味，用酒精消毒杀菌，加上精油除臭，让你的双脚不再受异味和细菌干扰。

▌工具

- 250 毫升烧杯
- 搅拌棒
- 150 毫升避光喷头瓶

▌材料

酒精 .... 75 毫升
水 .... 25 毫升
玫瑰天竺葵精油 .... 50 滴
　　（约 2.5 毫升）

▌作法

1

在 250 毫升烧杯中装 75 毫升酒精，并倒入 25 毫升清水。

2

滴 50 滴玫瑰天竺葵精油。

3

用搅拌棒搅拌至混合均匀。

4

装入避光喷头瓶中即完成。

▌延伸运用

❶ 茶树鞋子除臭喷雾
　具良好除菌功能的茶树精油，可以有效杀死带来异味的细菌。

❷ 柠檬鞋子抗霉喷雾
　柠檬精油具有消除霉菌、抗搔痒的作用，能有效预防长时间穿鞋的不适。

❸ 澳洲尤加利鞋子清爽喷雾
　除了除臭抗菌，澳洲尤加利精油还可以带来清凉感，缓解鞋里的闷热。

保存期限：6 个月。
保存方法：室温保存，避免阳光直射。
使用方法：直接喷洒于鞋内，静置 10~20 分钟，让酒精挥发。
注意事项：直接喷于鞋上时，为避免鞋的材质易褪色，最好先局部测试再使用。

沉香醇百里香鞋柜除臭粉

密不通风的鞋柜很容易受到细菌和异味的侵扰。运用抗菌力超强的沉香醇百里香精油杀菌防霉，通过精油中的天然分子中和密闭空间内的异味，加上小苏打粉吸湿、除臭，经济实惠，是鞋柜里必备的好伙伴。

挥别鞋柜里的潮湿霉臭，
散发清爽宜人香气。

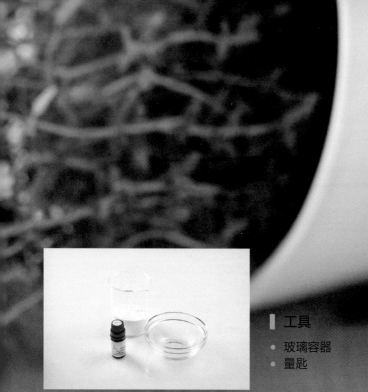

工具

- 玻璃容器
- 量匙

材料

小苏打粉 .... 100 克
沉香醇百里香 .... 10 滴
（约 0.5 毫升）

作法

1

取 1 个饭碗大小的容器，倒入 100 克小苏打粉。

2

在四周滴入 10 滴沉香醇百里香精油，完成。

TIP 如果鞋柜异味很重，可以先喷洒酒精杀菌、消毒，等 15 分钟酒精挥发后，再放入除臭粉。

延伸运用

① **丁香鞋柜除臭粉**
内含的丁香酚具有很强的杀菌消毒作用，可以消除空气中的感染分子。

② **薰衣草香鞋柜除臭粉**
薰衣草精油具有抗菌、防腐的功用，清洁力强，能够快速消除鞋柜的气味。

③ **茶树鞋柜除臭粉**
茶树精油的香气沉稳、舒适，且经过研究证实具有消毒剂的功效。

④ **雪松鞋柜除臭粉**
大西洋雪松精油可以驱虫除臭、防腐防霉，木质香气也很适合用在木制鞋柜中。

Memo

保存期限：2~3 个月更换一次。
保存方法：置于鞋柜内。
使用方法：将加入精油的小苏打粉放入鞋柜中。
注意事项：滴入精油后不要搅拌，以便小苏打粉吸收水分。

藏在洗衣机里的污垢
照样洗得干清！

澳洲尤加利
洗衣槽清洁剂

　　你洗过家里的洗衣槽吗？卡在洗衣槽里面的污垢霉斑因为看不见，往往最容易被忽略，导致衣物沾染霉菌，越洗越脏。利用澳洲尤加利精油的强效清洁，帮助洗衣机杀菌消毒，同时也呵护衣物、拥有清新好气味。

▌ 工具

- 250 毫升烧杯
- 搅拌棒
- 200 克避光广口瓶

▌ 材料

过碳酸钠 .... 200 克
澳洲尤加利精油 .... 10 滴
（约 0.5 毫升）

▌ 作法

1

向 200 克过碳酸钠中滴入 10 滴澳洲尤加利精油。

2

用搅拌棒充分混合均匀。

3

装入避光广口瓶中即完成。

▌ 延伸运用

❶ 茶树洗衣机抗菌清洁剂
使用同样可以抗霉抗菌的茶树精油，也能达到很好的清洁效果。

❷ 柠檬洗衣机清香清洁剂
柠檬精油消毒杀菌的效果很好，温和不刺激的特性也不怕伤害肌肤。

❸ 丁香花苞洗衣机强效清洁剂
可改为丁香花苞精油，强效杀菌效果，足以去除沉积多年的细菌。

Memo

保存期限：12 个月。
保存方法：室温保存，避免阳光直射。
使用方法：① 洗衣槽放满清水，倒入调好的 100~200 克洗衣槽清洁剂。
② 搅拌溶解后，停留在洗衣槽内隔夜浸泡。
③ 第 2 天将洗衣槽排空，用清水洗净 1~2 次。
注意事项：无。

Chapter 4

住 || 客厅、卧室用品

保洁力强、去除异味，
打造焕然一新的起居空间！

薰衣草地毯清洁剂

在长时间潮湿闷热的环境下，地毯中很容易藏污纳垢，也是尘螨滋生的温床。自制薰衣草地毯清洁剂，不但能用天然精油的抗菌清洁效果净化地垫、地毯，清洗后还能闻到薰衣草宜人的香气，可以避免使用伤手、味道刺鼻的化学清洁剂。

消除污垢，

让满室散发清香！

▌工具

- 250 毫升烧杯
- 搅拌棒
- 200 毫升避光
  喷头瓶

▌材料

酒精 .... 200 毫升
薰衣草精油 .... 10 ~ 15 滴

▌作法

1 烧杯中倒入 200 毫升酒精，并滴入 10 ~ 15 滴薰衣草精油。

2 用搅拌棒搅拌至混合均匀。

3 装入避光喷头瓶即完成。

▌延伸运用

① 茶树地毯防霉清洁剂
调整为 5 滴薰衣草精油、5 滴茶树精油，可以加强防霉功效，适合潮湿环境。

② 沉香醇百里香地毯防螨清洁剂
调整为 5 滴薰衣草精油、5 滴沉香醇百里香精油，可以增加去除尘螨的效果。

③ 澳洲尤加利地毯抗菌清洁剂
调整为 5 滴薰衣草精油、5 滴澳洲尤加利精油，让杀菌功能更加强效。

④ 甜橙地毯清香清洁剂
甜橙精油的清洁力强，用在客厅或卧室，也能带来舒适宜人的清新香气。

Memo

保存期限：3 个月。

保存方法：室温保存，避免阳光直射。

使用方法：① 先用吸尘器将要清洁的地毯吸一遍。
② 在喷上地毯清洁剂的地方用毛刷刷一遍，再用纸巾稍微擦拭干净。
③ 如果脏污程度严重，可以先将小苏打粉撒在地毯上，用毛刷让粉末和地毯充分接触，静置 10 ~ 15 分钟再用吸尘器吸去变脏的小苏打粉（每 30 平方厘米的地毯约使用 10 ~ 20 克小苏打粉）。

注意事项：小苏打加水后的弱碱性溶液可能会伤害毛料，如果地垫、地毯污损程度低就不需用到小苏打，用地毯清洁剂清洁即可。

▌工具

500 毫升烧杯
搅拌棒
600 毫升
避光瓶

▌材料

酒精 ⸱⸱⸱⸱⸱⸱⸱⸱⸱⸱⸱⸱⸱⸱⸱⸱⸱ 250 毫升
吐温 20 ⸱⸱⸱⸱⸱⸱⸱⸱⸱⸱⸱⸱⸱⸱ 25 毫升
澳洲尤加利精油 ⸱⸱⸱⸱⸱⸱ 150 滴
（约 7.5 毫升）

▌作法

1
烧杯中先装入 250 毫升酒精，
再缓缓倒入 25 毫升吐温 20。

2
滴入 150 滴澳洲尤加利精油。

3
用搅拌棒充分搅拌均匀。

4
装入避光瓶中即完成。

▌延伸运用

❶ 柠檬香茅地板防螨清洁液
调整为 5 毫升澳洲尤加利精油、2.5 毫升柠檬香
茅精油，增加防螨效果。

❷ 薰衣草地板净化清洁液
调整为 5 毫升澳洲尤加利精油、2.5 毫升薰衣草
精油，加强净化功能。

❸ 薄荷地板消毒清洁液
调整为 5 毫升澳洲尤加利精油、2.5 毫升薄荷精
油，帮助空气消毒。

Memo
保存期限：3 个月。
保存方法：室温保存。
使用方法：① 以每 5 升水加 120 毫升清洁
　　　　　　液的浓度稀释。
　　　　　② 使用地板清洁剂拖过地板后，
　　　　　　可再用清水擦拭干净。

澳洲尤加利地板清洁液

拖地时使用澳洲尤加利地板清洁液，不但有强效杀菌防霉的效果，还能让清凉带甜的香气弥漫整间屋子，在家享受芬芳！此款清洁液以吐温 20 搭配酒精和澳洲尤加利精油来消毒杀菌，成分温和，不怕残留在地板的清洁液危害健康。

森林浴般的清新香气，

打造抗菌防霉的保护力。

丁香花苞浴厕清洁剂

　　厕所瓷砖、地板经年累月下来，很容易发黄、变色，瓷砖接缝也时常累积污垢。丁香花苞精油自古以来就常被用于防腐及清洁，有着超强的洁净力！而且它的气味属于温暖的调性，能够有效消除浴室厕所中的异味。再搭配天然温和的小苏打和低刺激性的吐温20，清洁效果更是惊人！

除去厕所黄斑，

散发洁净芬芳气息！

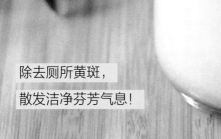

▍工具

- 250 毫升
  玻璃容器
- 量匙
- 刮勺
- 200 毫升
  避光广口瓶

▍材料

吐温 20 ⋯⋯⋯⋯⋯ 100 毫升
小苏打粉 ⋯⋯⋯⋯⋯ 50 克
丁香花苞精油 ⋯⋯⋯⋯ 5 滴

▍作法

1 在玻璃容器中装入 100 毫升吐温 20。

2 倒入 50 克小苏打粉。

3 再用刮勺搅拌成糨糊状。

4 滴入 5 滴丁香花苞精油。

5 接着稍微拌匀。

6 装入避光广口瓶中即完成。

▍延伸运用

❶ 柠檬浴厕扫黄清洁剂
可将丁香花苞精油改成柠檬精油，同样有去污及消除黄垢的效果。

❷ 澳洲尤加利浴厕除臭清洁剂
改为澳洲尤加利精油，气味清香宜人，还有提神醒脑的作用。

❸ 柠檬香茅浴厕抗菌清洁剂
柠檬香茅精油对付黄斑污垢也相当有效，香气可以带来清澈感。

Memo

保存期限：1 个月。
保存方法：室温保存，避免阳光直射。
使用方法：① 直接将糨糊状的浴厕清洁剂，涂抹在瓷砖、地板的污垢上。
　　　　　② 静置 8 小时（隔夜效果更佳）再用清水冲净即可。
注意事项：浴厕清洁剂是弱碱性的，冲洗时地板会很滑，要小心滑倒。

让玻璃、镜子亮晶晶，
给你恋爱般的闪亮魔镜！

葡萄柚玻璃清洁喷雾

　　看到玻璃洁净发光，心灵也跟着被洗涤干净！葡萄柚的去污力和饱满的果香调，让你擦玻璃像在做芳疗，擦去脏污的同时也让心情焕然一新。用酒精代替水加速玻璃干燥，不易留下难看水渍，在玻璃喷一喷，就可以快速乳化污垢，轻轻擦拭，便像新的一样亮晶晶。

▌工具

- 1000 毫升烧杯
- 搅拌棒
- 500 毫升避光喷头瓶

▌材料

水 .... 400 毫升
酒精 .... 100 毫升
吐温 20 .... 20 毫升
葡萄柚精油 .... 10 滴
　　　　（约 0.5 毫升）

▌作法

1 在 1000 毫升烧杯中装入清水 400 毫升，并缓缓倒入 100 毫升酒精。

2 倒入 20 毫升吐温 20。

3 再滴入 10 滴葡萄柚精油。

4 用搅拌棒搅拌混合均匀。

5 装入避光喷头瓶中即完成。

▌延伸运用

① 薰衣草玻璃亮光喷雾
薰衣草精油除了有强效的清洁力，也能缓解平时累积的压力。

② 玫瑰天竺葵玻璃芳香喷雾
玫瑰天竺葵精油有浓郁花香味，可以让家中布满花香调气息。

③ 柠檬玻璃去渍喷雾
柠檬精油除了是清洁好帮手，也有提神醒脑的功效。

Memo

保存期限：3 个月。
保存方法：室温保存，避免阳光直射。
使用方法：喷在玻璃的脏污上，再用干棉布或纸巾擦拭干净。

哪里脏喷哪里，
随时随地清洁！

澳洲尤加利
万用清洁喷雾

如果不想清洁打扫时用一堆瓶瓶罐罐，自制万用清洁喷雾也是个好选择。具有强力洁净功效的澳洲尤加利精油，搭配温和有效的椰子油起泡剂、吐温 20 合并使用，再加上橘皮油及酒精，清洁效果绝对出乎你意料！

▌ 工具

- 250 毫升烧杯
- 搅拌棒
- 500 毫升避光喷头瓶

▌ 材料

吐温 20	50 毫升
椰子油起泡剂	50 毫升
橘皮油	50 毫升
酒精	100 毫升
澳洲尤加利精油	10 滴
	（约 0.5 毫升）

▌ 作法

1 先在烧杯中装入 50 毫升吐温 20，并倒入 50 毫升椰子油起泡剂。

2 接着倒入 50 毫升橘皮油。

3 再缓缓倒入 100 毫升酒精。

4 然后滴入 10 滴澳洲尤加利精油。

5 用搅拌棒搅拌混合均匀。

6 装入避光喷头瓶即完成。

▌ 延伸运用

①柠檬香茅万用清洁喷剂
柠檬香茅精油的清洁力强，还兼具除虫效果，很适合运用在家中各处。

②百里香万用清洁喷剂
沉香醇百里香号称药草界的小辣椒，其精油去污除菌的能力极佳。

③玫瑰天竺葵万用清洁喷剂
香气浓郁的玫瑰天竺葵精油也有杀菌消毒效果，适合喜爱花香的人。

Memo

保存期限：6 个月。
保存方法：室温保存，避免阳光直射。
使用方法：① 万用喷雾没有加水，比较浓稠。如果觉得不好喷，可用百洁布蘸取原液使用；或是加水稀释到可以喷出来的程度。
② 任何污垢、不锈钢水龙头、锅具等，都能用万用喷雾刷洗，之后再用清水洗净即可。
注意事项：长时间储存万用喷雾时，其中的橘皮油成分可能会侵蚀塑料并造成塑料罐变形，建议使用玻璃瓶。

启动防护力，
将尘螨驱逐出境！

迷迭香防螨喷雾

　　根据研究，迷迭香、柠檬香茅等精油都具有防螨功效。自己用精油 DIY 防螨喷雾，不用担心换季过敏老是打喷嚏，而且成分透明，用起来有效又安心。

▍工具

- 250 毫升烧杯
- 搅拌棒
- 250 毫升避光喷头瓶

▍材料

酒精 .... 200 毫升
水 .... 50 毫升
迷迭香精油 ..... 50 滴
　　　　　　（约 2.5 毫升）

▍延伸运用

①丁香防螨喷雾
丁香花苞精油的防螨效果较好，但刺激性较高，可以用在存放很久的换季床具上。

②柠檬香茅防螨喷雾
柠檬香茅精油不仅防螨效果优异，同时也能达到防蚊效果，一举两得。

③大西洋雪松防螨喷雾
不同于果香、花香，大西洋雪松精油稳重的木质香调适合喜欢沉稳气息的人。

▍作法

烧杯中装 200 毫升酒精、50 毫升清水、50 滴迷迭香精油。

1

搅拌均匀后，装入避光喷头瓶中，即完成。

2

Memo

保存期限：6 个月。
保存方法：室温保存，避免阳光直射。
使用方法：① 喷于毛毯、棉被、枕头等家居用品，或是墙角等容易积灰尘的地方。
　　　　　② 喷洒防螨喷雾后，一并打开除湿机或冷气机干燥空间，效果更佳。
注意事项：喷洒在寝具上时，为避免棉织品褪色，最好先局部测试再使用。

沉香醇百里香浴室除霉剂

　　浴室湿度高，瓷砖接缝容易发霉，普通清洁剂不容易刷洗干净。使用沉香醇百里香自制浴室除霉剂，超强的杀菌力及淡雅的药草味，加上具有清洁效果又不会过于刺激的过碳酸钠，能有效去除霉菌，让浴室散发洁净清香。

消除隙缝中的霉菌，

温和不伤肌肤！

工具

- 250 毫升烧杯
- 量匙
- 刮勺
- 300 毫升避光广口瓶

材料

吐温 20 —————— 200 毫升
过碳酸钠粉 —————— 50 克
沉香醇百里香精油 ····· 15 滴
　　　（约 0.75 毫升）

作法

1
烧杯装入 200 毫升吐温 20，并缓缓倒入 50 克过碳酸钠粉末。

2
接着滴入 15 滴沉香醇百里香精油。

3
用刮勺充分搅拌均匀。

4
直接使用，或倒入避光塑料广口瓶中即完成。

TIP 过碳酸钠在吐温 20 中不会溶解，混合成膏状即可使用。

延伸运用

① **柠檬香茅浴室除霉剂**
柠檬香茅精油淡淡的柠檬香，除了彻底消除霉菌外，还能保护呼吸系统。

② **玫瑰天竺葵浴室除霉剂**
玫瑰天竺葵精油有强效的杀菌力，对于安抚精神疲劳也很有帮助。

③ **丁香花苞浴室除霉剂**
丁香花苞精油去污、防腐、防霉三效合一，同时可以消除空气中的感染因子。

④ **茶树强效浴室除霉剂**
茶树精油号称精油界的最强杀菌剂，对抗顽强霉菌很有效。

Memo

保存期限：立即使用。
保存方法：立即使用。
使用方法：马桶旁的水渍及霉垢，都可以用
　　　　　此清洁剂刷洗。
注意事项：无。

▍工具

- 250 毫升烧杯
- 搅拌棒
- 300 毫升避光
  玻璃喷头瓶

▍材料

酒精 ·················· 200 毫升
水 ························ 25 毫升
茶树精油 ················· 50 滴
　　　　　（约 2.5 毫升）
沉香醇百里香精油 ···· 50 滴
　　　　　（约 2.5 毫升）
澳洲尤加利精油 ········ 50 滴
　　　　　（约 2.5 毫升）

▍作法

1 向 200 毫升酒精中，缓缓倒入 25 毫升清水。

2 滴入 50 滴茶树精油、50 滴百里香精油及 50 滴澳洲尤加利精油。

3 用搅拌棒充分混合均匀。

4 装入避光玻璃喷头瓶中。

▍延伸运用

1 广藿香防霉喷雾
可将其中一种精油换成广藿香精油，有同样的防霉抗菌效果，也能驱虫。

2 苦橙叶防霉喷雾
可将其中一种精油换成苦橙叶精油，不但防霉，还有除臭功能，气味优雅。

3 桧木防霉喷雾
可将其中一种精油换成桧木精油，可以提升除臭效果，对抗病毒也都能交给它。

Memo

保存期限：6 个月。
保存方法：室温保存，避免阳光直射。
使用方法：喷加于浴室、厕所或墙角容易滋生霉菌的地方。
注意事项：喷洒防霉喷剂后暂时离开空间，关闭门窗让精油挥发。

轻轻一喷，
预防霉菌侵扰。

草木香防霉喷雾

浴室、厕所湿度特别高，加上现代水泥住宅常有通风不良的问题，是霉菌最容易繁殖的地方。除了以杀菌消毒闻名的茶树精油之外，学术研究也提到百里香、桧木等精油能有效对抗霉菌，结合其他抗霉精油调配成复方，达到全面防护。

清爽的薄荷清香，
除臭杀菌兼亮白。

薄荷马桶清洁剂

　　薄荷精油的杀菌效果，对于感冒或清洁都有显著的功效，古埃及和古罗马人很早就知道运用薄荷帮助清洁或改善消化道问题。选择薄荷搭配安全的酸性洗剂——柠檬酸还有吐温20，就可以轻松将马桶脏污刷洗干净，清洁完还能散发淡淡的薄荷香气。

▌工具

- 250 毫升烧杯
- 量匙
- 搅拌棒
- 300 毫升避光压头瓶

▌材料

柠檬酸	50 克
水	175 毫升
吐温 20	25 毫升
薄荷精油	5 滴
	（约 0.25 毫升）

▌作法

1 向 50 克柠檬酸中，缓缓倒入 175 毫升清水。

2 先用搅拌棒让水与柠檬酸充分混合。

3 倒入 25 毫升吐温 20。

4 再次用搅拌棒搅拌均匀。

5 滴入 5 滴薄荷精油。

6 最后装入避光压头瓶中，即完成。

▌延伸运用

① 柠檬马桶亮白清洁剂
柠檬精油良好的漂白作用，可以让马桶洁白如新，并散发清新香气。

② 柠檬香茅马桶强效清洁剂
利用强效杀菌的柠檬香茅精油，轻松维护厕所空间的洁净。

③ 茶树马桶防霉清洁剂
清洁的同时，茶树精油也能预防潮湿空间中的霉菌滋生。

Memo

保存期限：3 个月。
保存方法：室温保存，避免阳光直射。
使用方法：① 用刷子直接蘸取清洁剂刷洗马
　　　　　　桶，再用清水洗净。
　　　　　② 马桶旁的水渍、脏污，也可用
　　　　　　此清洁剂刷洗。
注意事项：无。

装小瓶随身携带，
消毒清洁同时除去细菌！

茶树马桶坐垫清洁液

　　厕所里的马桶坐垫、马桶盖最容易隐藏细菌，尤其是公共厕所，很难让人安心使用。我习惯在包里放一小瓶 DIY 的坐垫清洁液，喷一喷再使用，带走看不见的细菌病毒，茶树精油结合酒精，消毒杀菌外，顺便消除公厕中难忍的异味。

▌工具

- 250 毫升烧杯
- 搅拌棒
- 300 毫升避光喷头瓶

▌材料

酒精 ·················· 200 毫升
水 ······················ 50 毫升
茶树精油 ················· 50 滴
　　　　　　　（约 2.5 毫升）

▌作法

1 向 200 毫升酒精中缓缓倒入 50 毫升清水。

2 滴入 50 滴茶树精油。

3 用搅拌棒充分混合均匀。

4 装入避光喷头瓶即完成。

▌延伸运用

① **百里香马桶坐垫杀菌清洁液**
选择同样具有强力杀菌效果的沉香醇百里香精油，快速除去脏污细菌。

② **薰衣草马桶坐垫净化清洁液**
薰衣草精油的净化与消毒功效卓越，在除臭方面的表现更是优异。

③ **玫瑰天竺葵马桶坐垫除臭清洁液**
玫瑰天竺葵精油花香调气味浓郁，能够快速盖过异味，也同样具备良好的杀菌力。

Memo

保存期限：6 个月。
保存方法：室温保存，避免阳光直射。
使用方法：① 喷洒于马桶坐垫、马桶盖上。
　　　　　② 接着用卫生纸擦干即可。
注意事项：不建议用太凉的精油，以免造成皮肤不适。

▮ 工具

- 250 毫升烧杯
- 量匙
- 刮勺
- 350 毫升避光
  广口瓶

▮ 材料

水 .... 100 毫升
柠檬酸 .... 50 克
柠檬精油 .... 5 滴
　　　　　　（约 0.25 毫升）

▮ 作法

1

在烧杯装 100 毫升清水，并慢慢倒入 50 克柠檬酸。

2

滴入 5 滴柠檬精油。

3

接着用刮勺充分搅拌均匀。

4

装入避光广口瓶中即完成。

▮ 延伸运用

❶ 薄荷水垢清洁剂
薄荷精油去除水垢的能力很好，清凉气息还能带来好心情。

❷ 茶树水垢清洁剂
除了有效对付水垢，茶树精油在杀菌、防霉方面也有很好的效果。

❸ 迷迭香水垢清洁剂
迷迭香精油的除垢力加上全方位杀菌功效，能有效维护卫浴环境。

Memo

保存期限：1 个月。
保存方法：室温保存，避免阳光直射。
使用方法：① 用刷子直接蘸取后，涂抹在有
　　　　　　 水渍、水垢的地方。
　　　　　② 静置 2~4 小时后，再用清水
　　　　　　 冲洗即可。
注意事项：使用宽口瓶是为了方便刷子蘸
　　　　　 取，也可自行替换成压头瓶。

难除的水渍和水垢，
轻轻松松就消失无踪！

柠檬水垢清洁剂

　　透明的玻璃拉门、瓷砖上常看到水渍、水垢残留，
这是因为自来水中的钙、镁离子含量高，导致矿物质粘
黏在上面。传统在清洁上常用盐酸清洗，但气味不好，
也容易造成危险。改用柠檬精油搭配柠檬酸，低刺激
性，用起来安全又放心！

玫瑰天竺葵镜面清洁剂

镜面、水龙头上常有水渍及累积的尘垢，看起来灰蒙蒙的。玫瑰天竺葵精油特有的去污力及玫瑰般的香气，有助于清除黏附在表面的污垢，再运用吐温20的清洁力、橘皮油的去锈功能，加上小苏打摩擦去污，就可以快速恢复光亮感，让你的镜子闪亮如新。

让灰蒙蒙的镜子，

恢复刚买回来时的光亮！

▌工具

- 250 毫升烧杯
- 量匙
- 搅拌棒
- 300 毫升避光广口瓶

▌材料

吐温 20	50 毫升
橘皮油	50 毫升
小苏打粉	25 克
玫瑰天竺葵精油	10 滴（约 0.5 毫升）

▌作法

1 向 50 毫升吐温 20 中倒入 50 毫升橘皮油。

2 接着加入 25 克小苏打粉。

3 用搅拌棒充分混合均匀。

4 接着滴入 10 滴玫瑰天竺葵精油。

5 装入避光广口瓶中即完成。

▌延伸运用

❶ 薰衣草镜面清洁剂
薰衣草精油的洁净力加上温暖气息，很适合用在舒缓放松的起居空间。

❷ 薄荷镜面清洁剂
薄荷香精油能强效杀菌及清洁，让空间焕然一新，充满清新小调香。

❸ 沉香醇百里香镜面清洁剂
百里香精油不但可以杀菌，用来清洗镜面也一样亮晶晶。

Memo

保存期限：2 周。
保存方法：建议调好直接使用。
使用方法：① 戴上塑料手套，以海绵、百洁布蘸清洁剂擦拭镜面脏污处。
② 接着用清水冲干净。
注意事项：擦拭玻璃时量不需太多，以免不好洗净。

薰衣草除臭喷雾

消除空间中的异味，
打造舒适芳香的环境。

细菌是臭味的主要来源，一般除臭消毒喷雾大多使用酒精或是漂白水，但呛鼻的气味不是每个人都能接受。运用薰衣草精油调配，不但杀菌清洁，还能让居家空间拥有芳疗功效。

工具

- 250 毫升烧杯
- 量匙
- 搅拌棒
- 200 毫升避光喷头瓶

材料

水	100 毫升
过碳酸钠	25 克
薰衣草精油	10 滴
	（约 0.5 毫升）

作法

1 将 100 毫升清水缓缓倒入 25 克过碳酸钠粉末中。

2 滴入 10 滴薰衣草精油后搅拌均匀，装瓶即完成。

延伸运用

① 柠檬清香除臭喷雾
柠檬精油清幽的果香具有温暖平衡的调性，能够营造出舒缓放松的氛围。

② 迷迭香净化除臭喷雾
清新的迷迭香气息，具有启发创造力的作用，很适合运用在办公空间。

③ 薄荷抗菌除臭喷雾
薄荷精油有助于消除空间中的病毒，提升抵抗力，并具有提振精神、平静情绪的作用。

Memo

保存期限：尽快使用完毕。
保存方法：放置在干爽的阴暗处，并尽快使用完毕。
使用方法：直接喷洒在想要除臭的空间中即可。
注意事项：过碳酸钠虽没有毒性，但不适合接触肌肤，如果碰到的话建议以清水冲洗。

流行的扩香藤竹瓶，
搭配自己喜爱的香气 DIY，
展现自己的风格！

玫瑰天竺葵香氛藤竹

玫瑰天竺葵精油的浓郁花香很适合做芳香藤竹，酒精是安全的杀菌、除臭原料，搭配天然的精油香氛原料，打造令人放心又舒适的宜人空间精油。

工具

- 250 毫升烧杯
- 搅拌棒
- 250 毫升窄口玻璃瓶
- 扩香藤竹数枝

材料

酒精 ………… 225 毫升
玫瑰天竺葵精油
…………………… 25 毫升

作法

1 将 25 毫升玫瑰天竺葵精油滴入 225 毫升酒精中。

2 搅拌均匀后倒入窄口玻璃瓶中，并插入扩香藤竹。

TIP 也可混合多种精油，做成复方使用。

延伸运用

① 葡萄柚提神香氛藤竹
清新的柑橘类香气，具有杀菌和提振精神的作用，可以增加专注力。

② 柠檬香茅防蚊香氛藤竹
除了对空间消毒杀菌外，还有防蚊功效，能够赶走疲惫带来的自我否定感。

③ 大西洋雪松镇静香氛藤竹
沉稳的木质香气，具有强化、平静的功效。

Memo

保存期限：12 个月。
保存方法：室温保存，避免阳光直射。
使用方法：① 将藤竹或石棒插入窄口玻璃瓶中。
　　　　　② 放置 12~24 小时后，气味会自然散发到空气中。
注意事项：可依照自己喜好调整精油浓度，但精油添加量不宜超过 10%。

Chapter 5

行 ‖ 汽车、外出用品

提神防暈、清新芬芳，
打造完美的香氛旅途！

柠檬搭配百里香，
气味清新，保持好精神！

柠檬百里香车用扩香瓶

　　市售香氛大多使用化学香精制成，经过高温闷在密闭的车内，味道呛鼻，很容易头晕。自己用纯精油调配的配方，不需要担心人工合成化学成分带来的不适，还能通过柠檬醒脑的功效提振精神，加上百里香的杀菌作用，消除密闭空间中交互感染的细菌。可以买车载专用的出风口夹空瓶，或是买小瓶子用黏土黏在挡风玻璃前。

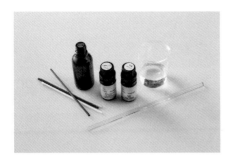

▌ 工具

- 50 毫升烧杯
- 搅拌棒
- 10cm 扩香藤竹
- 30 毫升
  避光玻璃瓶

▌ 材料

酒精 ―――――――― 25 毫升
柠檬精油 ――――――― 30 滴
　　　（约 1.5 毫升）
沉香醇百里香精油 ―― 30 滴
　　　（约 1.5 毫升）

▌ 作法

1 向 50 毫升烧杯中倒入 25 毫升酒精和 30 滴柠檬精油、30 滴沉香醇百里香精油。

2 用搅拌棒充分混合均匀。

3 倒入避光瓶中。

4 最后插入扩香藤竹，剪成喜欢长度，即可放于车上。

▌ 延伸运用

① **迷迭香车用醒神扩香瓶**
新青草调的提神效果很好，可以将配方改为 1 毫升迷迭香精油、2 毫升柠檬精油。

② **葡萄柚车用活力扩香瓶**
甘甜的果香能够振奋精神，可以将配方改为 2 毫升葡萄柚精油、1 毫升澳洲尤加利精油。

③ **大西洋雪松车用木香扩香瓶**
沉稳木质调有调节思绪的效果，可以将配方改为 2 毫升大西洋雪松精油、1 毫升薄荷精油。

Memo

保存期限：6 个月。
保存方法：室温保存，避免阳光直射。
使用方法：选择出风口夹的小空瓶，或是自己喜欢的窄口玻璃瓶皆可，静置在车内或室内空间至挥发完毕。
注意事项：勿使用有舒眠效果的精油，以确保行车安全。

用自己调配的芳香剂，
让车内空间充满清新芬芳。

提振活力出风口芳香夹

含有人工化学成分的香氛长期闷在密闭的车内空间中，可能对健康造成危害。大西洋雪松、柠檬、迷迭香都是有助于提升专注力的精油，而且味道清新，很适合车内空间。将它们调配成车用的芳香剂，滴在扩香石上，或是滴上化妆棉上，再用长尾夹夹在出风口，就能让车内常保芬芳！

工具

- 小长尾夹或木夹
- 化妆棉
- 精油避光瓶

材料

大西洋雪松精油 ………… 3 滴
柠檬精油 ………………… 2 滴
迷迭香精油 ……………… 1 滴

作法

1

将 50 滴大西洋雪松精油、40 滴柠檬精油和 10 滴迷迭香精油滴入避光瓶中。

2

双手滚动瓶身，让精油充分混合。

3

将调配好的复方精油滴在化妆棉上。

4

用长尾夹或木夹夹住后，固定在出风口即完成。

延伸运用

① **果香清新出风口芳香夹**
    改用 1 滴迷迭香精油、3 滴佛手柑精油、2 滴葡萄柚精油，有助于让思绪更清晰。

② **木质抗菌出风口芳香夹**
    改用 3 滴茶树精油、1 滴澳洲尤加利精油、2 滴柠檬香茅精油，杀菌作用强，可预防感冒。

③ **净化舒缓出风口芳香夹**
    改用 2 滴杜松精油、1 滴大西洋雪松精油、3 滴乳香精油，可以舒缓心情，又不会让你昏昏欲睡。

Memo

保存期限：立即使用。
保存方法：立即使用。
使用方法：① 将化妆棉夹在出风口。
　　　　　② 待香味挥发后，替换新的化妆棉即可。
注意事项：行车中避免使用有安神、舒眠作用的精油。

森林气息香氛包

　　混合木质香和青草香精油，营造森林浴般的沉稳、舒适氛围。不需要买专用的扩香器材，家中的化妆棉也是很好的载体，能快速吸收液体精油，气化为香氛微粒散布到空气中，只要装到喜欢的纱袋中，再挂到后视镜上，就是现成的车用香氛包。

用方便取得的素材，
也能 DIY 香氛包。

▎工具
- 化妆棉
- 小纱袋

▎材料
茶树精油	1 滴
柠檬香茅精油	1 滴
澳洲尤加利精油	1 滴
大西洋雪松精油	1 滴
迷迭香精油	1 滴

▎作法

1 将精油滴在无味化妆棉上。

2 将化妆棉装入小纱袋中。

3 将纱袋束口，悬挂于后视镜上即可。

▎延伸运用

① **浪漫花香香氛包**
将精油配方换成玫瑰花精油、茉莉精油、橙花精油、依兰依兰精油、玫瑰天竺葵精油，各 1 滴。

② **沉静木质香氛包**
将精油配方换成檀香精油、桧木精油、芳樟精油、丝柏精油、大西洋雪松精油，各 1 滴。

③ **清新青草香氛包**
将精油配方换成迷迭香精油、澳洲尤加利精油、薄荷精油、快乐鼠尾草精油，各 1 滴。

Memo

保存期限：立即使用。
保存方法：立即使用。
使用方法：可扩香 1～2 小时，香味减弱消失后再补滴精油即可。
注意事项：行车中避免使用薰衣草等具舒眠功效的精油。

索拉花芳香剂

　　美丽的索拉花上遍布很多细小的孔洞，是很好的精油载体。选择自己喜爱的颜色和中意的索拉花，绑成小小的花束挂在车中，除了得到嗅觉的享受外，也能通过视觉效果营造出舒适的行车环境，创造充满个人风格的香氛花艺！在小小的空间中，让五官感受高品质的芳疗 SPA。

通过可以吸附香气的索拉花，让车内的视觉和嗅觉都焕然一新。

▌ 工具

- 胶带
- 剪刀

▌ 材料

索拉花 ····················· 1 ~ 2 朵
拉斐草、包装纸等装饰
·································· 依喜好
大西洋雪松精油 ·········· 1 滴
澳洲尤加利精油 ··········· 1 滴
迷迭香精油 ················· 1 滴

▌ 作法

1 准备喜欢的索拉花，将各式花材调整好位置后握紧。

2 剪下一小段胶带将花材缠绕固定，做成花束。

3 修剪掉下方参差不齐的部分后，依喜好捆上缎带，或是用包装纸装饰。

4 最后滴上精油即完成。

▌ 延伸运用

❶ **花香调香氛花束**
喜欢花香调的人可以选择玫瑰花、茉莉、橙花、依兰依兰、玫瑰天竺葵等精油，或搭配使用。

❷ **木质调香氛花束**
喜欢木质调的人可以选择檀香、桧木、芳樟、丝柏、大西洋雪松等精油，或搭配使用。

❸ **青草调香氛花束**
喜欢青草调的人可以选择迷迭香、澳洲尤加利、薄荷、快乐鼠尾草等精油，或搭配使用。

Memo

保存期限：无。
保存方法：无。
使用方法：可扩香 1-2 小时，香味减弱后再补滴精油即可。
注意事项：避免在车上使用薰衣草等舒眠精油。

天然石材的香氛设计，
打造独特的工业风空间。

车用扩香大理石

　　大理石内部的缝隙，刚好能够吸附精油的香气，是
非常适合用来扩香的材料。而每种不同的大理石材质，
各自吸附香气的能力都不一样，也能体现出极富层次感
的扩香体验。定制化专属自己的扩香配方，让车内空间
也能有工业风的香氛设计。

工具	**材料**
• 密封罐 • 大理石碎石 • 镊子	沉香醇百里香精油··30 毫升

作法

1 用镊子将大理石碎石放入密封罐中。	**2** 倒入喜欢的天然精油，高度刚好盖过碎石。	**3** 盖上密封罐盖子，静置浸泡 7 天。

4 浸泡完之后用镊子取出，即有扩香效果。

延伸运用

① 花香调香氛大理石
喜欢花香调的人可以选择玫瑰花、茉莉、橙花、依兰依兰、玫瑰天竺葵等精油，或搭配使用。

② 木质调香氛大理石
喜欢木质调的人可以选择檀香、桧木、芳樟、丝柏、大西洋雪松等精油，或搭配使用。

③ 青草调香氛大理石
喜欢青草调的人可以选择迷迭香、澳洲尤加利、薄荷、快乐鼠尾草等精油，或搭配使用。

Memo

保存期限：无。
保存方法：无。
使用方法：无香味时，再次将大理石放入精油中浸泡即可。
注意事项：无。

强效清洁及杀菌，
清洁车体同时提振精神。

澳洲尤加利洗车剂

根据记载，澳洲尤加利是非常有名的消毒精油，当初芳疗界鼻祖瓦涅医生都用它来治疗疟疾及麻疹，在清洁方面的效果更是一流。洗车剂除了洁净的效果外，还必须慎选不伤金属烤漆且不会造成锈蚀的精油。用温和但清洁力良好的吐温20搭配精油，效果加倍，不会刺激肌肤。

▌ 工具

- 1000 毫升烧杯
- 搅拌棒
- 1000 毫升
  避光压头瓶

▌ 材料

水 .... 900 毫升
吐温 20 .... 100 毫升
澳洲尤加利精油 .... 10 滴
　　　　　　　（约 0.5 毫升）

▌ 作法

1 向 900 毫升水中倒入 100 毫吐温 20。

2 接着滴入 10 滴澳洲尤加利精油。

3 用搅拌棒充分混合均匀。

4 最后，倒入避光压头瓶中，即完成。

▌ 延伸运用

❶ 茶树除霉洗车精
茶树气味可以帮你的爱车除霉，还能同时散发宜人香气。

❷ 薰衣草洁净洗车精
薰衣草精油的洁净力高，且温暖的气息让你在洗车时也能有放松的好心情。

❸ 迷迭香杀菌洗车精
迷迭香精油是杀菌界的小清新，有效去除病菌，还有提神醒脑、调节思绪的作用。

Memo

保存期限：3 个月。
保存方法：室温保存，避免阳光直射。
使用方法：① 车体外：先将车体打湿，让灰尘污垢软化，再用海绵蘸取洗车剂擦洗，清水冲净后再以棉布擦干水渍。
　　　　　② 车体内：洗车剂用 4 升清水加 10～50 毫升洗车精的比例稀释后，以棉布蘸取擦拭（浓度依脏污程度调整）。
注意事项：精油含量不宜过高，避免造成皮椅腐蚀。

去除玻璃上的油渍，
还能防止雾气产生！

柠檬车窗防雾清洁剂

一般清洁剂为了强化清洁效果都会添加盐类，但如果用来洗车或车窗，就容易造成金属锈蚀。这里的防雾清洁剂，成分只有单纯的吐温20和柠檬精油，利用亲油性强的乳化剂，加上柠檬本身的去污力，不仅能去除黏附的油渍，使用在车窗玻璃，下雨天还能起到防雾作用。

工具

- 500 毫升烧杯
- 搅拌棒
- 500 毫升避光压头瓶

材料

吐温 20 .... 500 毫升
柠檬精油 .... 50 滴
　　　　　（约 2.5 毫升）

作法

1 向 500 毫升吐温 20 中滴入 50 滴柠檬精油。

2 用搅拌棒充分搅拌均匀。

3 倒入避光压头瓶中即完成。

延伸运用

① **薰衣草车窗防雾清洁剂**
　将柠檬精油换成具有强效清洁效果的薰衣草精油，让车窗上黏附的细菌通通消失。

② **薄荷车窗防雾清洁剂**
　薄荷的清香感及洁净力有预防晕车的作用，可以让车内空气保持清新。

③ **甜橙车窗防雾清洁剂**
　柑橘类的气息相当受欢迎，杀菌的同时，也可以达到提振活力的效果。

Memo

保存期限：6 个月。
保存方法：室温保存，避免阳光直射。
使用方法：用棉布蘸取后直接擦拭即可，如果挡风玻璃上有油渍，建议去除后再用清水擦拭干净。
注意事项：无。

旅行防晕车喷雾

　　在旅行过程中晕车、晕船是件相当不舒服的事，除了服用晕车药之外，天然精油也能帮助缓解晕眩感。例如薰衣草精油、薄荷精油、柠檬精油，都含有降低晕眩感的成分，做成随身携带的旅行防晕车喷雾，可以有效降低旅途中的不适感。香气的浓度可依喜好适当增减，但避免使用过度浓郁的气味，否则容易造成相反的效果。

用天然香气的舒缓功效，
缓解旅途中的不适感。

工具

- 50 毫升烧杯
- 搅拌棒
- 30 毫升避光塑料喷头瓶

材料

甘油	1 毫升
酒精	29 毫升
柠檬精油	2 滴
薄荷精油	2 滴
纯正薰衣草精油	2 滴

作法

1

将 1 毫升甘油倒入 29 毫升酒精中。

2

滴入柠檬、薄荷、纯正薰衣草精油。

3

用搅拌棒充分混合均匀。

4

最后，倒入避光喷头瓶中，即完成。

Memo

保存期限：6 个月。

保存方法：室温保存，避免阳光直射。

使用方法：不要等到开始晕车时才使用，应提早喷洒在车内空间，效果更好。

注意事项：无。

延伸运用

1 尤加利防晕车喷雾

澳洲尤加利精油具有提神醒脑、集中注意力的功效，能有效舒缓紧张感、减少眩晕带来的不适。

2 柠檬防晕车喷雾

柠檬精油可以降低不安情绪、对抗焦虑，略带酸味的清新香气，也能缓解眩晕感。

3 薄荷防晕车喷雾

清凉的薄荷精油一直是止晕产品的热门选项，可以舒展紧绷的神经、止晕防吐。

葡萄柚灭菌旅行喷雾

葡萄柚精油不但能消毒抗菌，还有帮助调节时差及醒酒的功效。旅行时随身携带一小瓶灭菌喷雾，可以消除环境中的异味、细菌，外宿时喷在枕头、棉被上也有防螨的作用，如果到炎热的地区，也可以充当清凉喷雾使用（但不适合肌肤对酒精过敏者）。

随手一喷去除有害细菌，

走到哪都洁净清新！

▌ 工具

- 250 毫升烧杯
- 搅拌棒
- 200 毫升避光玻璃喷头瓶

▌ 材料

水 ················· 50 毫升
酒精 ··············· 150 毫升
葡萄柚精油 ·············· 60 滴
（约 3 毫升）

▌ 作法

1
将 50 毫升水倒入 150 毫升酒精中。

2
滴入 60 滴葡萄柚精油。

3
接着用搅拌棒混合均匀。

4
最后，倒入避光玻璃喷头瓶中，即完成。

▌ 延伸运用

① 薰衣草舒缓旅行喷雾
出门容易有认床或是焦虑问题的人，很适合改用薰衣草精油，抗菌同时达到放松效果。

② 尤加利防蚊旅行喷雾
澳洲尤加利精油除了杀菌、预防感冒外，因为属于蚊虫不喜爱的味道，能够达到驱蚊功效。

③ 杜松净化旅行喷雾
古埃及人会用杜松净化空间，想要出门平安顺心，可以选择杜松精油来净化空间。

Memo

保存期限：6 个月。
保存方法：室温保存，避免阳光直射。
使用方法：喷于枕头上、空间中，也可用来消毒马桶、桌椅等。
注意事项：需使用避光玻璃瓶，避免塑料瓶被精油腐蚀。

茶树抗菌免洗洗手液

洗去手上脏污,

避免细菌病毒侵袭!

茶树精油除了杀菌防霉,还能驱离蚊虫,搭配高挥发性的酒精杀菌,加上芦荟胶保护肌肤,不仅气味宜人还不伤玉手,用在宝宝娇嫩的肌肤上也安心。

工具

- 50 毫升烧杯
- 搅拌棒
- 30 毫升避光短压头瓶

材料

酒精 ……… 5～10 毫升
芦荟胶 ………… 25 克
茶树精油 ……… 6 滴

延伸运用

① **薰衣草美白免洗洗手液**
温和的薰衣草精油可以促进伤口愈合、美白,是调制免洗洗手液非常好的选择。

② **柠檬护肤免洗洗手液**
味道清香讨喜的柠檬精油,除了杀菌外,同时具备良好的护肤作用。

③ **乳香除皱免洗洗手液**
具有除皱效果的乳香精油,可以让双手在消毒的同时进行呵护与保养。

作法

1 分次将 5～10 毫升酒精倒入 25 克芦荟胶中。

2 再滴入 6 滴茶树精油,均匀混合后装瓶即完成。

 TIP 酒精容易在调制过程中挥发,需准备较多的用量。

Memo

保存期限:6 个月。
保存方法:室温保存,避免阳光直射。
使用方法:挤压约 1 元硬币大小于手掌心,双手搓揉均匀至吸收为止。
注意事项:浓稠程度可按照个人喜好而定,喜欢稀一点就多加一点酒精。

图书在版编目（CIP）数据

纯天然精油家居清洁DIY / 陈美菁著 . — 北京：
中国轻工业出版社，2020.9

ISBN 978-7-5184-3052-9

Ⅰ . ①纯… Ⅱ . ①陈… Ⅲ . ①家庭 – 清洁卫生 –
基本知识 Ⅳ . ① TS975.7

中国版本图书馆 CIP 数据核字（2020）第 113261 号

策划编辑：钟　雨　　　责任编辑：钟　雨　　　责任终审：李建华
整体设计：锋尚设计　　责任校对：朱燕春　　责任监印：张　可

出版发行：中国轻工业出版社（北京东长安街6号，邮编：100740）
印　　刷：北京富诚彩色印刷有限公司
经　　销：各地新华书店
版　　次：2020年9月第1版第1次印刷
开　　本：710×1000　1/16　印张：9
字　　数：150千字
书　　号：ISBN 978-7-5184-3052-9　定价：58.00元
邮购电话：010-65241695
发行电话：010-85119835　传真：85113293
网　　址：http://www.chlip.com.cn
Email：club@chlip.com.cn
如发现图书残缺请与我社邮购联系调换
200182S6X101ZYW

Aromatherapy

在香气中守护家人健康